中华
十大家训

陈延斌 主编

[卷 五]

教育科学出版社
·北京·

目 录

曾文正公家训

中华
十大家训

曾文正公家訓卷下

同治二年正月二十四日

字諭紀澤蕭開二來接爾正月初五日稟得知家中平
安羅太親翁仙逝當寄奠儀五十金祭幛一軸下次付
回羅壻性情可慮然此無可如何之事爾當諄囑三妹
柔順恭謹不可有片語違忤三綱之道君為臣綱父為
子綱夫為妻綱是地維所賴以立天柱所賴以尊故傳
曰君天也父天也夫天也儀禮記曰君至尊也父至尊
也夫至尊也君雖不仁臣不可以不忠父雖不慈子不

曾文正公家訓卷上

咸豐六年丙辰九月念九夜手諭時在江西撫州
門外

字諭紀鴻兒家中人來營者多稱爾舉止大方余為少
慰凡人多望子孫為大官余不願為大官但願為讀書
明理之君子勤儉自持習勞習苦可以處樂可以處約
此君子也余服官二十年不敢稍染官宦氣習飲食起
居尚守寒素家風極儉可也可略豐不宜太豐則吾不敢
也凡仕宦之家由儉入奢易由奢返儉難爾年尚幼切

〔清〕——曾国藩

曾国藩（一八一一—一八七二），原名子城，字伯涵，号涤生，谥号文正。湖南湘乡人。清道光进士。曾任内阁学士兼礼部侍郎等职。一八五三年在湖南办团练，后扩编为湘军。一八六〇年任两江总督。一八六八年授武英殿大学士，任直隶总督。一八七〇年回任两江总督。有《曾文正公全集》。

曾国藩是中国近代史上一位重要的历史人物。他整肃政风、倡导洋务运动，被赞为清代"中兴"名臣，与李鸿章、左宗棠、张之洞并称"晚清四大名臣"。但其也因编练湘军镇压太平天国农民运动和捻军起义，以及查办天津教案等事件饱受争议。正所谓"誉之者则为圣相，谳之者则为元凶"（章太炎语）。尽管人们对其褒贬不一，但其家训却受到人们普遍赞誉与推崇。

曾国藩极重视家训，以训诫子弟为己任。他在《与弟书》中说："盖父亲以其所知者尽以教我，而我不能以我所知者尽教诸弟，是不孝之大者也。"因此曾国藩写了330多封家书以训诫诸弟、子侄，并结集出版《曾文正公家书》，产生了巨大影响。此外，曾国藩还曾想专门著家训一部，其内容既要贯通经史，又要采择诸子百家，由于期望过高，"然后知著书之难，故暂且不作曾氏家训"（1842年《与诸弟书》）。也就是说，曾国藩本人并没有写出专门的《曾氏家训》一书。但家训无非是家族中的长辈对子弟晚辈的教育内容，其凝聚于笔端，宣迹于墨纸，既可呈现为理论化、体系化的家训著述，也可散见于家书、家信之中。我国古代把具有教育内容的、成册成卷的家书、家信均称为家训，所以曾国藩虽没有采用像《颜氏家训》那样的形式将其家训思想理论化、体系化，但通过家信方式起到了对子侄后辈殷切叮咛与教育的作用，也充分体现了曾国藩的家训思想。

曾国藩的家训思想并非一蹴而就，而是随着其本人阅历增加和道德认知的逐步形成而形成的，这是一个动态的过程。这个过程鲜明地体现在曾国藩给其子侄的书信中。信中的训诫，既是对后辈和家族的殷切期望，也是动荡年代求生存图发展的哲理思考。家书没有体例的束缚，通篇包含着谆谆教诲、细细叮咛，行文行云流水、情理交融，故能取得世人的认可与称赞。

为了纪念这位"中兴第一名臣"，光绪三年（1877年），清政府颁旨，由李瀚章编纂、李鸿章校勘，刻印出版了《曾文正公全集》（以下简称《全集》），共一百五十六卷，内容分为奏稿、批牍、诗文集、杂著、治兵语录、书札等门类。在编纂体例上，《全集》根据家书寄送对象的辈分大致分为两类：寄给父母、兄弟的，归为"家书"，共十卷；寄给子侄晚辈的，归为"家训"，共上下两卷（"家训"部分仅有三封书信不是写给子侄晚辈的，分别为写给妻子欧阳夫人的两封和写给长辈丹阁十叔的一封）。本书将家训上下卷独立成册，拟名为《曾文正公家训》。

1879年，湖南长沙传忠书局刊行了《曾

文正公家书》，各地也先后编纂出版全集和教子书等。从此，曾国藩的家训声名鹊起，享誉坊间，被评价为达到"传统仕宦家训的峰巅"。

曾国藩的家书内容十分丰富，涉及为政、行军、作战、修身、劝学、治家、交友、用人、理财等，既有曾国藩对清朝官场的洞察与批评，又有作为一名理学传承者经世致用的进取之道；既有理学修身养性的崇高追求，又有农耕文明中家族生存与绵延的生活智慧；既是对传统耕读传家家风的继承，又是针对时代变化而生发的前瞻与包容。作为旧时代统治阶级的一员，曾国藩的教育内容存在一定的片面性和局限性，但这丝毫不掩其家训的光辉，尤其是曾氏家训中独特的教育方法，至今仍可供借鉴。

就教育原则而言，曾国藩首先注重因材施教。他根据长子纪泽和幼子纪鸿学习特长、兴趣爱好以及承担的不同责任，提出不同的学习乃至做人方面的要求与期盼，既尊重了孩子的个性，又兼顾到孩子的发展。其次，曾国藩家训中贯彻着难得的平等原则。在封建官本位的时代，在父为子纲的伦理共识中，曾国藩并没有板起官员、家长的威严面孔，而是在日常处事、学习和公事处理等极琐碎、极平常的事情安排中，潜移默化地培养孩子

们的人格情操和价值观念，甚至多次谈及自己的失误与悔恨以供子弟家人引为鉴戒。这种平等交流中的情感诚挚动人，易于被接受和认同。最后，曾国藩家训中注重"言传身教"的原则。曾国藩家训中没有过多讲空泛的大道理，而是以身立范：有成功的经验分享，有胜利的喜悦感染，有失败的悔恨警示；不仅严格要求子侄，同样严格要求自己。起到了很好的榜样示范作用，从而使其要求和期盼更有说服力。

曾国藩的家训原则贯穿于各种具体的教育方法中，譬如任务具体，渐进有序；事必躬亲，行之有规；互相监督，考核督促等，使教育不是停留于理论的层面，而是化为具体的实践，在实践中促进子侄晚辈良好习惯和品德的形成、巩固。

正因为曾国藩家训中独特的教育原则和方法，也由于其家训中闪现的真知灼见，曾国藩对子侄的教导是成功的。其长子曾纪泽诗、文、画俱佳，通过自学兼通英文、数学和乐律，成为清末著名的外交家；次子曾纪鸿在研究算学方面也颇有成就，"撰《对数详解》五卷，始明代数之理，为不知代数者开其先路"。曾氏后人也颇多成就者。

曾国藩家训不仅有益于家人，亦对社会产生了深远的影响。梁启超对曾国藩的家训给予了高度评价，他说："孟子曰：'人皆可为尧舜。'……吾不敢言。若曾文正之尽人皆可学焉而至，吾所敢言也。"青年时代的毛泽东也对曾国藩治学、理事要有恒而专的思想十分赞赏，他表示，"愚于近人，独服曾文正"。

字谕纪鸿儿：

　　家中人来营者，多称尔举止大方，余为少慰！凡^{大凡，大抵}人多望子孙为大官，余不愿为大官，但愿为读书明理之君子。勤俭自持，习劳习苦，可以处乐^{安乐}，可以处约^{俭约}，此君子也。余服官^{做官}二十年，不敢稍染官宦气习，饮食起居，尚守寒素家风。极俭也可，略丰也可，太丰则吾不敢也。

　　凡仕宦之家，由俭入奢易，由奢返俭难。尔年尚幼，切不可贪爱奢华，不可惯习懒惰。无论大家小家，士农工商，勤苦俭约，未有不兴；骄奢倦怠，

信告纪鸿儿知悉：

　　家中到军营来的人，大多称赞你举止大方，我对此稍感欣慰。世人多希望自己的子孙能做大官，我不希望后人做大官，只希望做个知书明理的君子。勤俭自立持家，习劳习苦，既能享受安乐又能身处俭约，这就是君子。我做官已有二十年了，不敢沾染一点官场习气，饮食起居，仍然遵守寒素家风。极其俭朴也可以，稍微丰盛点也可以，若过于丰盛我就不敢了。

　　凡是做官的人家，从俭朴到奢侈容易，从奢侈回到俭朴就困难了。你现在年纪还小，千万不要贪图奢华，不能养成懒惰的习惯。无论是大户人家还是小户人家，士农工商各种人，只要勤俭节约，家业没有不兴旺的；骄奢

倦怠，家业没有不衰败的。你读书写字不可间断，早晨要早起，不要丢掉历代相传下来的家风。我的父亲和叔父，都是黎明就起床，这你是知道的。

　　凡是富贵功名，都是命里注定，一半在于人力，一半在于天命。只有学做圣贤，才是全靠自己作主，与天命不相关涉。我有志学做圣贤，可小时候少了持身恭谨的功夫，所以到如今还免不了时有戏言和随意的行为。你应该举止端庄，不随便说话，这才是修养道德的基础。

未有不败。尔读书写字，不可间断，早晨要早起，莫坠〔丢失〕高曾祖考〔父亲〕以来相传之家风。吾父吾叔，皆黎明即起，尔之所知也。

　　凡富贵功名〔科举及第〕，皆有命定，半由人力，半由天事。惟学作圣贤，全由自己作主，不与天命相干涉。吾有志学为圣贤，少时欠居敬〔持身恭敬〕工夫，至今犹不免偶有戏言戏动〔随意、不庄重的言语和行为〕。尔宜举止端庄，言不妄发，则入德之基也。

咸丰六年（丙辰）九月廿九夜手谕，时在江西抚州门外官二代、富二代的教育问题古已有之。曾氏这封家书短短三百余字，用语浅直，感情丰富，疼子爱子的慈父之情跃然纸上。信中"凡人多望子孙为大官，余不愿为大官，但愿为读书明理之君子"这句话广受世人赞誉，成为日后百余年曾氏门风不坠的一个很好的注脚。

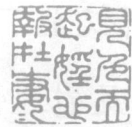

見色而起
淫心報在
妻女

見色而起
淫心报在
妻女

字谕纪泽儿：

余此出门，略载日记，即将日记封每次家信中。闻林文忠 *林则徐。字元抚，又字少穆、石麟，晚号俟村老人、俟村退叟、七十二峰退叟，谥文忠。清朝政治家、思想家和诗人* 家书，即系如此办法。

尔在省仅至丁、左两家，余不轻出，足慰远怀。

读书之法，看、读、写、作，四者每日不可缺一。看者，如尔去年看《史记》 *中国历史上第一部纪传体通史。记载了上自传说中的黄帝时代，下至汉武帝太初四年的历史。西汉司马迁撰* 、《汉书》 *又称《前汉书》。中国第一部纪传体断代史。记述了上起汉高祖元年（公元前206年），下至王莽地皇四年（公元23年）的历史。东汉班固编撰* 、韩 *韩愈。字退之，自称郡望昌黎，世称韩昌黎、昌黎先生，谥文，又称韩文公，追封昌黎伯。唐朝文学家、思想家、哲学家，政治家* 文、《近思录》 *理学入门书。南宋朱熹、吕祖谦合编，* 今年看《周易折中》 *《易经》注释。全书共22卷。清李光地撰* 之类是也。读者，如四书 *又称四子书，是《论语》*

信告纪泽儿知悉：

我这次出门，稍微写了一点日记，就将日记封在每次的家信中。我听说林文忠公的家书也是采用这个办法。

你在省城只去丁、左两家，其余不轻易外出，这使身在远方的我深感欣慰。

读书的方法，看、读、写、作四样每天缺一不可。看，就像你去年看《史记》《汉书》、韩愈古文、《近思录》，今年看《周易折中》之类便是。读，像四书、

《诗》《书》《易经》《左传》这些经典，《昭明文选》，李白、杜甫、韩愈、苏轼的诗歌，韩愈、欧阳修、曾巩、王安石的散文，如不高声朗诵，则不能感悟其雄伟的气势，如不细咏静吟，则不能探究其深远的意蕴。这就像富裕人家聚积财富一样：看书就是

《孟子》《大学》《中庸》的合称、**《诗》** 《诗经》。又称诗三百。是我国第一部诗歌总集。收集了从西周初期到春秋中期的305篇民歌、庙堂宴饮歌和祭祀乐歌。儒家经典著作、**《书》** 《尚书》。又名《书经》。是中国上古时期的历史文献和部分追述史迹著作的汇编。所记之事上起尧舜，下至春秋中期。分《虞》《夏》《商》《周》四个部分。儒家经典著作、**《易经》** 原名称《易》或《周易》。分为经部、传部。经讲占卦之术，传是对经的解释。儒家经典著作、**《左传》** 也称《左氏春秋》或《春秋左传》。是我国第一部完整的编年体史书。所记历史上起鲁隐公元年，下至鲁悼公四年。相传为春秋末期左丘明著 诸经，**《昭明文选》** 又称《文选》。是中国现存最早的一部诗文总集。选录了先秦至南朝梁代间700余篇各种体裁的文学作品。南朝萧统等选编。萧统死后谥昭明，故称，**李** 李白。字太白，号青莲居士，又号谪仙人。唐朝诗人、**杜** 杜甫。字子美，自号少陵野老。唐朝诗人、**韩**、**苏** 苏轼。字子瞻，又字和仲，号东坡居士。北宋文学家 之诗，**韩**、**欧** 指欧阳修。字永叔，号醉翁、六一居士。北宋政治家、文学家、**曾** 曾巩。字子固。北宋散文家、史学家、政治家、**王** 王安石。字介甫，号半山。北宋思想家、政治家、文学家 之文，非高声朗诵，则不能得其雄伟之概 气势，非密 细 咏恬吟 静静地吟咏，则不能探其深远之韵。譬之富家居积：看书则在外贸易，

获利三倍者也；读书则在家慎守，不轻花费者也。譬之兵家战争：看书则攻城略地，开拓土宇疆土者也；读书则深沟坚垒，得地能守者也。看书如子夏卜商。字子夏。尊称卜子或卜子夏。春秋时期思想家。孔子的学生之"日知所亡通'无'"相近；读书与"无忘所能"相近，二者不可偏废。

至于写字，真、行、篆、隶，尔颇好之，切不可间断一日。既要求好，又要求快。余生平因作字迟钝，吃亏不少。尔须力求敏捷，每日能作楷书一万则几差不多矣。

至于作诸文，亦宜在二三十岁立定规模，过三十后则长进

在外面做生意，获利三倍；读书就是谨慎守好家业，不轻易花费。这也像兵家打仗：看书，就如攻城略地，开疆拓土；读书，则如挖壕沟、筑壁垒，把得到的土地固守住。看书，就与子夏说的"每天都懂得一些自己原来所不知道的"相近；读书，则与"不遗忘已经学会的知识"相近，二者不可偏废。

至于写字，楷书、行书、篆书、隶书几种书体你非常喜欢，千万不可中断一日。既要追求写得好，又要追求写得快。我生平就是因为写字慢，结果吃亏不少。你必须力求敏捷，每天能写楷书一万字就差不多了。

至于写文章，也最好能在二三十岁的时候就奠定基础，否则过了三十岁长进就很难了。作

八股文、作试帖诗、作律赋、作古体诗或今体诗、作古文、作骈体文，这几样不能不一一讲求，一一尝试。年轻人不要怕出丑，须有一些狂妄进取的劲头。如果过了这个年纪还不尝试一下，那么今后就更不会去尝试了。

至于做人之道，圣贤千言万语，概括起来不外乎"敬""恕"二字。《论语》里《仲弓问仁》一章中，论敬恕最为贴切。除此之外，例如"站立的时候，就看见（忠诚、老实、忠厚、严肃）几个字显现在面前，在车上就如看见它刻在车前的横木上"，"君子不论众多与寡少，不论强大与弱小，都不敢轻慢"，这就是"安泰而不骄纵"；"使自己衣帽整齐，

极难。作四书文 明清科举考试所用文体。多取四书中语命题，也称八股文 ，作试帖诗 科举考试采用的诗体名。因题前常冠以"赋得"二字，故也叫"赋得体" ，作律赋，作古今体诗，作古文，作骈体文，数者不可不一一讲求，一一试为之。少年不可怕丑，须有"狂者进取"之趣 志向 。过此时不试为之，则后此弥 更加 不肯为矣。

至于作人之道，圣贤千言万语，大抵不外"敬""恕"二字。《仲弓 冉氏，名雍。孔子的学生 问仁》一章，言敬、恕最为亲切。自此以外，如"立则见其参于前也，在舆 yú。车厢 则见其倚于衡 车前的横木也"，"君子无众寡，无小大，无敢慢 怠慢 "，斯 指示代词。此，这 为"泰 舒畅 而不骄"；"正

其衣冠，俨然人望而畏"，斯为"威_{威严}而不猛"：是皆言"敬"之最好下手者。孔言"欲立立人，欲达达人"；孟言"行有不得，反求诸己"，"以仁存心，以礼存心"，"有终身之忧，无一朝之患"：是皆言"恕"之最好下手者。尔心境明白，于"恕"字或易著功，"敬"字则宜勉强行之。此立德之基，不可不谨！

科场在即，亦宜保养身体。余在外平安，不多及。

咸丰八年七月二十一日，舟次樵舍下，去江西省城八十里

表情庄重，别人看见就会产生敬畏"，这就是"威武但不凶猛"。这些都是讲"敬"字最容易着手做到的。孔子说"自己想要成功，先要帮助别人成功；自己渴求宽容豁达，先要对别人宽容豁达"；孟子说"事情如果不成功，先要反思自己的原因"，"有仁爱之心，有礼敬之心"，"一生保持忧患意识，就不会遭遇一时的祸患"。这都是讲"恕"字最容易着手做到的。你心中明白，在"恕"字上或许容易显出成效，"敬"字则应当努力实行。这是建立德业的基础，不能不谨慎从事。

科举考试在即，也要注意保养身体。我在外面安好，不多说了。

评析

曾氏在此信中提出读书的四字诀，即看、读、写、作。看，即我们通常所说的阅览；读，即高声朗诵；写，即写字，练习书法；作，即写文章。曾氏在信中以自己因写字慢吃了很多亏来作为反面教材告诫儿子，要练就一手又快又好的字。此外，各种类型的诗文都要练习写作，不可因写不好而止步。曾氏还结合自己的人生阅历告诫儿子，看书有如做生意和打仗，不能光顾着大把挣钱，攻城略地，还要学会开源节流，筑墙守土，巩固住已有的学习成果，即孔子所说的"学而时习之""温故而知新"。

字谕纪泽：

八月一日，刘曾撰来营，接尔第二号信并薛晓帆信，得悉家中四宅平安，至以为慰！

汝读"四书"无甚心得，由不能"虚心涵泳（深入领会），切己体察"。朱子（朱熹。字元晦，号晦庵，世尊称朱子，谥文。宋朝儒学集大成者）教人读书之法，此二语最为精当。尔现读《离娄》（《孟子》篇名）即如《离娄》首章"上无道揆（准则，法度。揆 kuí，度），下无法守（制度）"，我往年读之，亦无甚警惕。近岁在外办事，乃知上之人（治理国家之人）必揆诸道，下之人（黎民百姓）必守乎法。若人人以道揆自许，从心而不从法，则下凌上矣。《爱人不亲》章，往年读之，不甚

信告纪泽知悉：

八月一日，刘曾撰来营中，收到你的第二封信及薛晓帆的来信，得悉家中四房人都平安无事，甚是欣慰。

你读"四书"没什么心得，缘于不能"虚心领会，切身体验"。朱熹传授的读书方法，这两句最为精辟恰切。你现在读《孟子·离娄》，比如第一章"上面没有法度，下面就无法可守"，我以往读它，也没有特别留意。近年来在外办事，才深知处于上位之人如果一定按法度来思考行事，处于下位之人就一定会遵守法度。如若平民百姓人人以自己为准则，随心所欲而不服从法度，那就会导致下位之人凌驾于上位之人之上。《爱人不亲》一章，往年读

之，体味不深。近年来随阅历日渐深厚，才逐渐懂得治理民众没有成效，那是智慧谋略不足所致。这就是我对"切身体验"含义的一点理解。

最难认知的当属"涵泳"二字。我曾经以自己的理解揣摩阐释，认为：涵，犹如春风化雨，滋润花蕾，又如清澈渠水，灌溉稻谷。雨水润花，雨水太小难以浸润，如若太大则会导致花残叶败，只有雨水大小适中，方能滋养出万紫千红。清澈的渠水浇灌稻田，水太少就会干枯，太多则伤于涝灾，适当才能滋润养育，生机勃发。泳，如鱼水之欢，又如人洗脚。程颐说鱼跃深潭，活泼自然；庄子言濠梁上观鱼，怎么知道鱼不快乐？这就是鱼水之欢。左太冲有"濯足万里流"之句；苏轼有"夜

亲切。近岁阅历日久，乃知治人不治者，智不足也。此"切己体察"之一端也。

"涵泳"二字，最不易识。余尝以意测之日：涵者，如春雨之润花，如清渠之溉稻。雨之润花，过小则难透，过大则离披[断折。披 pī，折]，适中则涵濡[滋润，沉浸]而滋液；清渠之溉稻，过小则枯槁，过多则伤涝，适中则涵养而浡兴[自小至大兴起。浡 bó，兴起的样子]。泳者，如鱼之游水，如人之濯足[洗去脚污。濯 zhuó，洗]。程子[程颐。字正叔，世称伊川先生。北宋理学家、教育家]谓鱼跃于渊，活泼泼地；庄子[姓庄，名周，字子休（亦说子沐）。战国中期思想家、哲学家和文学家]言濠梁观鱼，安知非乐？此鱼水之快也。左太冲[左思。字太冲。西晋文学家]有"濯足万里流"

之句，苏子瞻有"夜卧濯足"诗，有"浴罢"诗，亦人性乐水者之一快也。善读书者，须视书如水，而视此心如花，如稻，如鱼，如濯足，则"涵泳"二字庶^{shù。表希望或推测，但愿，或许}可得之于意言之表。尔读书易于解说文义^{字面的浅层含义}，却不甚能深入，可就朱子"涵泳""体察"二语悉心求之。

邹叔明新刊地图甚好。余寄书^{写信给}左季翁^{左宗棠。字季高，一字朴存，号湘上农人。清朝政治家、军事家，}托购致十副，尔收得后，可好藏之。薛晓帆银百两，宜璧还^{敬语。用以归还所借物品或辞谢赠品。}余有复信，可并交季翁也。此嘱！

咸丰八年八月初三日

卧濯足"的诗，又有"浴罢"诗。同样是人性喜欢水的一种乐趣。善于读书者，必须视书如水，而将此心视如鲜花、如水稻、如游鱼、如洗脚，那么"涵泳"二字的真正含义差不多就能大致明白知晓。你读书易于解说字面的浅层含义，而不大能深入内里，可以从朱熹的"涵泳""体察"两句话中悉心求索。

邹叔明最近刊印的地图很好。我写信给左季翁，托他代购十副，你收到后妥善收藏。薛晓帆百两纹银应当全部退还。我有回信，可一并交左季翁。此嘱。

评析

苏轼有"书富如入海，百货皆有"之句。从古至今，名人名家大都喜欢把书籍比作海洋，把读书比作在海洋中遨游。曾国藩谈及读书心得，更有精辟的论断："善读书者，须视书如水。"在他眼里，在书海遨游是人生之乐趣，更是读书人应有的心态。

"切己"是指读书要结合自己的阅历和现实感受与书相融相通，认真体会和思考之后对知识做出更理性、更深层次的探求。这样收获来的知识，反复感之，故而难忘；左右解释，故而不偏。这是曾国藩多年来"切己体察"的深刻领悟，至今读来仍然让人深受启发。

字谕纪泽：

十九日曾六来营，接尔初七日第五号家信并诗一首，具悉。次日入闱参加科举考试。闱 wéi，科举时代的考场、试院，考具皆齐矣。此时计已出闱还家。

余于初八日至河口，本拟由铅山入闽，进崇安。已拜疏上奏章矣。光泽之贼，窜扰江西，连陷泸溪、金溪、安仁三县，即在安仁屯踞盘踞。十四日派张凯章往剿，十五日余亦回驻弋 yì 阳。待安仁破灭后，余乃由泸溪云际关入闽也。

尔七古诗，气清而词亦稳，余阅之忻即欣慰！凡作诗最宜讲

信告纪泽知悉：

十九日曾六来营中，接到你初七日第五封家信及诗一首，内容已知悉。第二天要进科场，考具齐备。估计这时已经离开考场回到家中。

我于初八到达河口，本打算由铅山进入福建，直捣崇安。已经上奏章汇报了。光泽的贼寇流窜骚扰江西，接连占领了泸溪、金溪、安仁三县，现在安仁盘踞。十四日，派张凯章前往清剿，十五日我也返回驻扎地弋阳。等到安仁之敌人被消灭后，我就由泸溪云际关进入福建。

你的七言古诗，意境清新，用词妥当，我读来很是欣慰。大凡作诗，最讲究节奏韵律。我所

选抄五言古诗九家、七言古诗六家，韵律均铿锵有力，令人百读不厌。我未抄录的，如左思、江淹、陈子昂、柳宗元的五言古诗，鲍照、高适、王维、陆游的七言古诗，声韵也清越异常。你想作五言古诗、七言古诗，须熟读五言古诗、七言古诗各数十篇。先以高声诵读，使其气势通畅贯达，继而细声吟咏，揣摩玩味。二者并进，使古人的节奏韵律如清风拂煦与我之喉舌相应和，则下笔写诗之时，必有诗句韵调汇聚笔端，文思泉涌。诗成之后自己诵读，亦

究声调。余所选钞同"抄"五古五言古诗九家，七古七言古诗六家，声调皆极铿锵，耐人百读不厌。余所未钞者，如左太冲、江文通江淹。字文通，南朝文学家、陈子昂字伯玉。唐朝诗人、柳子厚柳宗元。字子厚。唐朝诗人之五古，鲍明远鲍照。字明远。南朝文学家、高达夫高适。字达夫。唐代诗人、王摩诘王维。字摩诘。唐朝诗人、陆放翁陆游。字务观，号放翁。南宋诗人之七古，声调亦清越异常。尔欲作五古、七古，须读熟五古、七古各数十篇。先之以高声朗诵，以昌通畅贯通其气，继之以密咏恬吟，以玩其味。二者并进，使古人之声调拂拂然风吹动的样子若与我之喉舌相习应和，则下笔为诗，时必有句调凑赴腕下汇集笔端，文思如泉涌意。

诗成自读之，亦自觉琅琅 _{láng láng。} _{象声，形容响} _{亮的读} _{书声} 可诵，引出一种兴会来。古人云："新诗改罢自长吟。"又云："锻诗未就且长吟。"可见古人惨淡经营之时，亦纯在声调上下工夫。盖有字句之诗，人籁 _{lài。自然界} _{发出的声音} 也；无字句之诗，天籁也。解此者，能使天籁人籁凑泊 _{凝合，聚合} 而成，则于诗之道思过半矣。

　　尔好写字，是一好气习。近日墨色不甚光润，较去年春夏已稍退矣。以后作字，须讲究墨色。古来书家，无不善使墨者。能令一种神光活色浮于纸上，固由临池之勤、染翰 _{指写字。翰，} _{毛笔} 之

觉朗朗上口，意趣无穷。古人云"新诗改罢自长吟"，又云"煅诗未就且长吟"，可见古人费心创作，也正是在音韵上下足功夫。所以说有字句之诗，是人发出的声音；无字句之诗，是万物发出的声音。懂得这一点，能使天然人工融为一体，合而为一，则通晓诗艺之道就过半了。

　　你喜好写字，这是一种很好的习惯。近日墨色不甚光润，略嫌枯涩，与去年春夏相比稍显退步。今后写字，务须讲求墨色。自古以来的书法家，没有不善于使用墨的。能使神光活色跃然纸上，这固然由练习勤奋、写的字

多才能达到；也缘于墨的新旧浓淡，用墨的轻重缓急所致。这些都有传神的意念运行其中，所以才能光泽常新。

我平生有三耻：各科学问都略有涉及，唯独天文历法和数学，毫无所知，即二十八星宿、金木水火土五星都不认识，这是第一耻；每做一件事情，进行一项事业，总是有始无终，这是第二耻；小的时候写字，不能临摹一家之体，屡屡变换临帖以致书法劳而无获，写字缓慢而不适应所需，近年身在军营，因写字缓慢，很多事都搁置而未能实施，这是第三耻。你若是承继家业的儿子，当为父雪此三耻。

纵使推算天文历法和数学难

多所致；亦缘于墨之新旧浓淡、用墨之轻重疾徐，皆有精意运乎其间，故能使光气常新也。

余生平有三耻：学问各涂 _{同"途"} 皆略涉其涯涘 _{边缘。涘 sì，水边}，独天文算学 _{数学} 毫无所知，虽恒星 _{古人指二十八星座，即通常说的二十八星宿} 五纬 _{中国古人把能够用肉眼观察到的金、木、水、火、土五个行星称为"五纬"} 亦不识认，一耻也；每作一事，治一业，辄 _{zhé。总是，就} 有始无终，二耻也；少时作字，不能临摹一家之体，遂致屡变而无所成，钝 _慢 而不适于用，近岁在军，因作字太钝，废阁 _{搁置而不实施} 殊多，三耻也。尔若为克家 _{本指能治理家族的事业。后把继承祖先事业的子弟称为克家子} 之子，当思雪此三耻。

推步 _{推算天文历法。古人认为日月转运于天，犹如人之行步，可推算而知} 算学，纵难通晓，恒星五纬，观认尚易。家中言天文之书，有"十七史"中各《天文志》，及《五礼通考》中所辑《观象授时》一种。每夜认明恒星二三座，不过数月，可毕识矣。凡作一事，无论大小难易，皆宜有始有终。作字时，先求圆匀，次求敏捷。若一日能作楷书一万，少或七八千，愈多愈熟，则手腕毫不费力。将来以之为学，则手钞群书；以之从政，则案无留牍。无穷受用，皆自写字之匀而且捷生出。三者皆足弥吾之缺憾矣。

今年初次下场，或中或不

> 《五礼通考》：清朝秦蕙田撰。中国古代礼学的集大成之作

> 牍：dú。古代写字用的木片。代指公文

以精通，二十八星宿及金木水火土五星还是容易辨识的。家中涉及天文类的书籍，有"十七史"中各种《天文志》，还有《五礼通考》中所辑《观象授时》一种，每夜辨识恒星两三座，不过数月，就可全部认识。凡做一事，不论大小难易，都应有始有终。写字时，先求圆滑匀称，再求快捷。如果一日正楷能书写一万字，少时或许七八千，写得越多越熟练，那么手腕就毫不费力。将来以此做学问，可手抄群书；以此从事政务，案桌上没有积压的公文。无穷受益，皆得益于写字先匀后捷之功。以上三点足以弥补我的缺憾。

今年初次下场参加科举考试，

考中考不中，都没什么关系。发榜后当读《诗经注疏》，以后深钻经史，二者交相递进。我朝国学大儒，如顾炎武、阎若璩、江永、戴震、段玉裁、王念孙等人的著作，务必熟读，再三思考。光阴难得，一刻千金，好自珍惜。

以后写信来营，不妨将心中所思所想及读书所得放开笔议论，使我能考察你的进步，不宜寥寥

中，无甚关系。榜后即当看《诗经注疏》。以后穷经 ^{研读经部书。穷，寻根究源} 读史，二者迭进。国朝大儒，如顾 ^{顾炎武。字忠清、宁人，亦自署蒋山佣。因故居旁有亭林湖，学者尊为亭林先生。明末清初思想家、经学家、史地学家和音韵学家。}、阎 ^{阎若璩。字百诗，号潜丘。清朝学者、汉学（考据学）家。璩 qú}、江 ^{江永。字慎修，又字慎斋。清朝经学家、音韵学家、天文学家和数学家。皖派经学创始人}、戴 ^{戴震。一字东原，二字慎修，号杲溪。清朝语言文字学家、哲学家、思想家。杲 gǎo}、段 ^{段玉裁。字若膺，号懋堂，晚年又号砚北居士、长塘湖居士、侨吴老人。清朝文字训诂学家、经学家}、王 ^{王念孙、王引之父子二人。王念孙，字怀祖，自号石臞。清朝语言学家、文献学家；王引之，字伯申，号曼卿。清朝语言学家、文献学家。臞 qú} 数先生之书，亦不可不熟读而深思之。光阴难得，一刻千金！

以后写安禀 ^{旧时儿女给父母的信。禀 bǐng，下对上的报告} 来营，不妨将胸中所见，简编所得 ^{读书所得。简编指书籍}，驰骋议论，俾 ^{bǐ}。使余得以考察尔之进步，不宜太寥

寥 形容数量少。　**此谕** yù。旧时用指上对下的文告、指示。

数语，内容太简略。此谕。

咸丰八年八月二十日，书于弋阳军中

评　析

在战争局势胶着、形势严峻的军中，曾国藩依然挂虑儿子写诗作词的韵律、写字用墨的润涩以及如何能够更好地推算天文、观察星空。这不失为一种谢安式的"雅量"，也体现出曾国藩一代大儒的胸襟和气度。曾氏勇于向儿子述说自己的"三耻"，体现了儒家"知耻近乎勇"的自省精神，这种现身说法的教育有着较强的针对性，能够激发孩子奋发向上的心志。父母如何在孩子面前谈论自己的缺点？这一点曾国藩给予了当今家庭教育一个很好的启示。

匿怨而用
暗箭祸延
子孙

匿怨而用
暗箭祸延
子孙

字谕纪泽：

十月十一日接尔安禀，内附隶字一册；廿四日接澄叔_{指曾国潢。字澄侯。曾国藩胞弟}信，内附尔临《玄教碑》_{《玄教宗传碑》。元朝赵孟頫书}一册；王五及各长夫_{兵勇之外的服役人员。负责各种杂务}来，具述家中琐事甚详。

尔信内言读《诗经注疏》之法，比之前一信已有长进。凡汉人传注、唐人之疏_{注疏}，其恶处在确守故训，失之穿凿_{附会解释}；其好处在确守故训，不参私见。释"谓"为"勤"，尚不数见；释"言"为"我"，处处皆然。盖亦十口相传之诂_{gǔ。指训诂，解释字义}，而不复顾_{顾及}文气之不安_{安稳，通畅。此指文气顺}。如《伐木》_{《诗经·小雅·伐木》}为文王与友人

信告纪泽知悉：

十月十一日接到你的信，里面附有隶书一册；二十四日接到澄叔信，里面附有你临摹的《玄教碑》一册；王五和各长夫来，都把家中的大小事情讲述得很详细。

你信中说到读《诗经注疏》的方法，比起前一封信已经有了长进。汉代人的传注、唐代人的注疏，缺点在于固守原来的解释，失于附会；优点也在于坚守原来的解释，不掺杂自己个人的偏见。把"谓"释为"勤"尚不多见，把"言"释为"我"处处都是。也是因为口口相传的训诂，不再顾及文气顺不顺了。像《伐木》解释为周文王与友人入山，《鸳鸯》是明

王与万物相交，和你所怀疑的《螽斯》的解释，同样都属于附会。朱熹《集传》扫除了以往的旧障碍，专门在涵泳精神和意味上下功夫，不拘泥于字的意义而讲通文意。但是像《郑风》等各章的注疏，认为都是讽刺太子忽的当然不对，朱熹认为都是淫荡私奔，也不一定对。

你研读经书时，不论看汉唐注疏，还是看宋代的传，都要虚心探求本意。觉得里面写得好的地方，就用笔画出来；里面有疑问的地方，就在另外的本子上写一小段，或多加辩论，或只写几个字，以后疑问渐渐明晰了，就再记在这一段下面，时间长了就成了卷册，自然会有很大的长进。

入山，《鸳鸯》_{《诗经·小雅·鸳鸯》}为明王交于万物，与尔所疑《螽斯》_{《国风·周南·螽斯》。螽 zhōng}章解，同一穿凿。朱子《集传》_{《诗经集传》}，一扫旧障，专在涵泳神味，虚而与之委蛇。然如《郑风》_{《诗经·郑风》}诸什，注疏以为皆刺_{讽刺}忽_{郑昭公。姬姓，名忽。春秋时期郑国第四任及第六任君主}者固非，朱子以为皆淫奔者亦未必是。

尔治经之时，无论看注疏，看宋传，总宜虚心求之。其惬意_{觉得称心。惬 qiè，满足，畅快}，则以笔识_{zhì。标记}出。其怀疑者，则以另册写一小条，或多为辩论，或仅著数字，将来疑者渐晰，又记于此条之下，久久渐成卷帙_{篇章，卷册。帙 zhì，量词。书一函为一帙}，

则自然日进。高邮王怀祖先生
父子，经学为本朝之冠，皆自
札记_{读书时摘记要点以及心得}得来。吾虽不及怀
祖先生，而望尔为伯申氏_{王引之}
甚切也！

　　尔问时艺_{时文，八股文}可否暂
置，抑或他有所学_{其他可学习的文体。}。余惟
文章之可以道古、可以适今者，
莫如作赋。汉魏六朝之赋，名
篇巨制，具载于《文选》。余尝
以《西征》《芜城》及《恨》《别》
等赋示尔矣。其小品赋，则有
《古赋识小录》_{清朝王芑孙撰。芑 qǐ；}律赋则
有本朝之吴榖人_{吴锡麟。字圣澂，号榖人。清朝学者。榖 gǔ}、
顾耕石_{名隐，字耕石。清朝学者}、陈秋舫_{陈沆。字太初，号秋舫。}
_{清朝诗人。沆 hàng}诸家。尔若学赋，可于

　　高邮王怀祖先生和他的儿子，经
学研究在本朝首屈一指，都是从
写札记中得来的。我虽然不能和
怀祖先生比，但希望你成为王引
之的心愿十分殷切。

　　你问八股文可不可以暂时搁
一搁，或者看看有什么其他可学
的文体。我认为，文体当中既可
以道古又能适于今用的，没有什
么比得上赋。汉魏六朝的赋，
名篇巨著都载入了《昭明文选》，
我曾经把《西征》《芜城》和《恨》
《别》等赋给你看过了。小品赋
可看《古赋识小录》；律赋有本
朝的吴榖人、顾耕石、陈秋舫各家。
你如果学赋，可以每逢三、八日

作一篇，大赋可以几千字，小赋可以只几十字，或对仗或不对仗，都无不可。此事比八股文略有意趣，不知道你的性格是否与之相近。

你所临隶书《孔宙碑》，用笔太拘束，不是很灵活，想来可能是因为握笔太靠近笔毫的原因，以后要握在笔管的顶部。我就是因为握笔位置太低，终身吃亏，所以教你趁早改正。《玄教碑》墨气非常好，可喜！可喜！郭二姻叔觉得你的字左边有些低垂，右边过于高耸，吴子序年伯想把这些字带回去给子弟们看看。从你写的字看，你比较适合写草书，以后专门练习真、草两种字体，篆、隶可以放一放了。四种字体同时练习，恐怕将来没有一种能精通。

每三八日作一篇，大赋或数千字，小赋或仅数十字，或对_{对仗}或不对，均无不可。此事比之八股文略有意趣，不知尔性与之相近否。

尔所临隶书《孔宙碑》，笔太拘束，不甚松活，想系执笔太近毫之故，以后须执于管顶。余以执笔太低，终身吃亏，故教尔趁早改之。《玄教碑》墨气甚好，可喜！可喜！郭二姻叔嫌左肩太俯，右肩太耸，吴子序年伯欲带归示其子弟。尔字姿于草书尤相宜，以后专习真草二种，篆隶置之可也。四体并习，恐将来不能一工。

余癣疾 皮肤病。癣xuǎn 近日大愈，目光平平如故。营中各勇夫，病者十分已好六七，惟尚未复元，不能拔营进剿，良深焦灼！闻甲五目疾十愈八九，忻慰之至！

尔为下辈之长，须常常存乐育 乐于关心教育 诸弟之念。君子之道，莫大乎与人为善，况兄弟乎？临三、昆八系亲表兄弟，尔须与之互相劝勉。尔有所知者，常常与之讲论，则彼此并进矣。此谕。

咸丰八年十月二十五日

我的皮癣最近好了大半，眼睛一般，没有大的变化。军营中，患病的士兵已经好了十分之六七，只是尚未复元，不能出发进军剿匪，深感焦灼。听说甲五的眼病好了十之八九，欣慰之至！

你是小辈们中最大的，要常常有乐于培养众弟弟的念头。君子之道，没有比与人为善还大的了，何况是兄弟手足呢？临三、昆八是亲表兄弟，你要与他们互相勉励。你所知道的，要常常和他们讲述讨论，这样彼此都会进步。此谕。

评析

对于读书、写字的心得，曾氏家书中着墨最多。本篇当中，曾国藩寄语儿子，对待古文注疏既要虚心探求，也要有独立思考的精神，不可人云亦云，穿凿附会。其中谈到做学问的方法，曾氏强调了及时做读书笔记的重要性，还事无巨细地把做读书笔记的步骤一一传授给儿子。慈父之心，溢于言表。对于孩子提出"搁置八股文"的想法，曾国藩并没有一味呵斥，而是正面引导，希望儿子能够根据自己的兴趣学习作赋。这在当时的背景下，无疑是一种开明的教育方式。

字谕纪泽：

二十五日寄一信，言读《诗经注疏》之法。二十七日县城二勇至，接尔十一日安禀，具悉一切。

尔看天文，认得恒星数十座，甚慰！甚慰！前言^{上一次信中说到}《五礼通考》中《观象授时》二十卷内恒星图最为明晰，曾翻阅否？国朝大儒于天文历数之学，讲求精熟，度越前古。自梅定九^{梅之鼎。字定九，晚号勿庵。清朝数学家、天文学家}、王寅旭^{名锡阐，字寅旭，又字昭冥，号晓庵。明末清初天文历算学家}以至江、戴诸老，皆称绝学，然皆不讲占验，但讲推步。占验者，观星象云气以卜吉凶，《史记·天官书》《汉

信告纪泽知悉：

二十五日寄出一封信，跟你说了读《诗经注疏》的方法。二十七日县城二勇到这里，接到你十一日来信，一切都知道了。

你在学习天文知识，而且已经能够认识恒星几十颗了，这一点很值得高兴。上一次信中说到《五礼通考》中《观象授时》二十卷内的恒星图最清楚，不知你是否翻过？本朝博学的大儒们关于天文历数的学问已经研究得很精熟，超过了前代。从梅定九、王寅旭到江、戴各位老前辈，都堪称绝学，但他们都不讲占验，只讲推步。占验是观测星象云气用来占卜吉凶的，《史记·天官书》《汉书·天

文志》就是这样的；推步是指测量七政的经纬度，用来测定时间历法，《史记·律书》《汉书·律历志》中所用的就是这种方法。

秦味经先生的《观象授时》，简明扼要，深得要领。心壶既然肯用心研究这些，可以把此书借给他看看（《五礼通考》和《皇清经解》都收有此书）。如果你和心壶两人能够稍微学到这两本书中的一些天文知识，就足以弥补我的缺憾了。

骈体文结尾一字的粘法，另外写信告知（因为接到安徽来的信，就不展开说了）。

书·天文志》是也；推步者，测七政_{古天文术语。亦称七曜、七纬。说法不一，一指日、月和金、木、水、火、土五星；其二指天、地、人和四时；其三指北斗七星。曜yào}行度_{经纬度}，以定授时_{测定时间历法}，《史记·律书》《汉书·律历志》是也。

秦味经_{秦蕙田。字树峰，号味经。清朝学者}先生之《观象授时》，简而得要_{简明扼要，深得要领}，心壶既肯究心此事，可借此书与之阅看（《五礼通考》内有之，《皇清经解》_{又名《学海堂经解》。清朝阮元主持编纂的经学丛书}内亦有之）。若尔与心壶二人能略窥二者之端绪，则足以补余之缺憾矣。

四六_{指骈体文。中国特有的一种文言文文体。其句多四六对仗，故称四六文}落脚_{诗句结尾}一字粘法，另纸写示（因接安徽信，遂不开示）。

书至此，接赵克彰十五夜自桐城发来之信，温叔及李连庵方伯 _{殷周时代一方诸侯之长。后泛称地方长官} 尚无确信，想已殉难矣，悲悼曷极！来信寄叔祖父封内中有往六安州之信，尚有一线生机。

余官至二品，诰命 _{帝王的封赐命令。明清五品以上授诰命，六品以下授敕命} 三代，封妻荫 _{庇荫。封建时代子孙因先辈有功劳而得到封赏} 子，受恩深重，久已置死生于度外，且常恐无以对同事诸君于地下。温叔受恩尚浅，早岁不获一第 _{科第。科举考试合格列入的等第。也指取得的功名，} 近年在军，亦不甚得志。设有不测，赍憾 _{抱恨，怀恨。赍恨，怀着，抱着} 有穷期耶？

军情变幻不测，春夏间方 _{犹正} 冀 _{ji。希望} 此贼指日可平，不图 _{预料，料想}

写到这，接到赵克彰十五日夜晚从桐城发来的信件，温叔和李连庵方伯尚无确切音讯，想必已经殉难了，实在是悲痛之至！在寄给叔祖父一信中还夹有寄往六安州的信，还有一线生机。

我官至二品，三代人受皇帝诰命，封妻荫子，受恩深重，久已置生死于度外，常常害怕到了地下无颜面对死去的同事。温叔受恩尚浅，早年科考未得功名，近年来在军中也不是很得志。如果有什么不测，抱恨无穷啊。

军情变幻莫测，春夏间正希望此贼指日可平，不曾想七月有庐州之变，八九月有江浦、六合之变，现在又有三河之大变，全局都被破坏，与咸丰四年冬天的局面相似，心里实在受不了啊！但愿你专心读书，将我所爱看的书领会几分，将我所讲求的事理钻研几分，那么我在军中心里就会常有安慰了。你每天的事情，也可以写日记，以便查核。

七月有庐州之变，八九月有江浦、六合之变，兹又有三河之大变，全局破坏，与咸丰四年冬间相似，情怀难堪！但愿尔专心读书，将我所好看之书领略得几分，我所讲求之事钻研得几分，则余在军中，心常常自慰。尔每日之事，亦可写日记，以便查核。

咸丰八年十月二十九日，建昌营次

评析

小小一件辨识星辰的事情，曾国藩在军中百忙之际仍不忘数次写信关照，给家中孩子推荐天文历法方面的书籍、介绍研究星象之学的专家，体现出曾氏家教注重均衡教育、注重兴趣教育的特点。尤其是书信的后半部分，谈及追念阵亡部将、焦灼士兵疾患，两相对照，更显得"仰望星空"的教诲有一种深邃情怀。

字谕纪泽：

　　初一日接尔十二日一禀，得知四宅平安。

　　尔将有长沙之行，想此时又归也。今少庚早世_{儿媳贺氏早亡}，贺家气象_{气运}日凋耗。尔当常常寄信与尔岳母，以慰其意。每年至长沙走一二次，以解其忧。耦庚先生_{曾纪泽岳父贺长龄。字耦庚，号耐庵。嘉庆进士。此时贺为贵州巡抚。}学问文章，卓绝辈流_{同辈}，居官亦恺恻_{和颜悦色，有恻隐之心。恺kǎi，和乐}慈祥，而家运若此，是不可解。尔挽联尚稳妥。

　　《诗经》字不同者，余忘之。凡经文版本不合者，阮氏_{阮元。字伯元，号芸台。清朝著名学者}《校勘记》最详（阮刻《十三经注疏》_{十三经包括《易》《诗》《书》《周礼》《礼记》}

信告纪泽知悉：

　　初一接到你十二日的信报，得知家里平安。

　　你打算去长沙一次，想必此刻已经回来了。如今儿媳贺氏早逝，贺家家景，日益衰落。你应当常常写信给你岳母，好好安慰。每年到长沙走动一两次，以解其忧。你岳父耦庚先生的学问文章在同辈中出类拔萃，当官也是心存恻隐，温颜和色。可叹家运如此，真是令人费解。你写的挽联还比较稳妥。

　　《诗经》中的字有不一致的地方，现在我已经不记得了。凡是经文版本有不同的地方，阮氏《校勘记》最为详细（阮元刻《十三经注疏》，今年六月，在岳州寄回去一部，每卷的最后都附有《校勘记》。《皇清经解》中也刻有《校勘记》，可拿来看看）；凡是经文引用有不同的，段氏《撰异》最详细（段玉裁有《诗经撰异》《书经撰异》等著作，都刻在《皇清经解》中）。你可以随时翻阅对照着看看，这样有疑问的地方便会迎刃而解。

《仪礼》《公羊传》《榖梁传》《左传》《孝经》《论语》《尔雅》《孟子》等十三部儒家经典，今年六月在岳州寄回一部，每卷之末，皆附《校勘记》。《皇清经解》中亦刻有《校勘记》，可取阅也）；凡引经不合者，段氏《撰异》最详（段茂堂有《诗经撰异》《书经撰异》等著，俱刻于《皇清经解》中）。尔翻而校对之，则疑者明矣。

咸丰八年十二月初三日

评析　　曾氏善于从处世之道和人情礼节方面教育儿子。此封信中，曾氏忍不住反复叮嘱，生怕儿子在妻子亡故后表现出人走茶凉、失了礼数而被岳父家人看不起，谆谆教导儿子要做到"缄默寡言，循循规矩"，展现出曾氏家风重情重义的一面。

原文

字谕纪泽：

日来接尔两禀，知尔《左传注疏》（又名《春秋左传正义》。晋代杜预作注，唐代孔颖达作疏）将次（逐渐）看完，《三礼注疏》，非将江慎修《礼书纲目》识得大段，则注疏亦殊难领会，尔可暂缓（暂时搁置不看）。即《公》（《公羊传》。又名《春秋公羊传》《公羊春秋》。是专门解释《春秋》的典籍。作者相传是子夏弟子、战国时齐人公羊高）、《穀》（《穀梁传》。也称《春秋穀梁传》《穀梁春秋》。是专门解释《春秋》的典籍。作者相传是子夏弟子、战国时鲁人穀梁赤）亦可缓看。尔明春将胡刻《文选》细看一遍，一则含英咀华（比喻欣赏、体会诗文中饱含的精华。英、华，花，这里指精华；咀 jǔ，细嚼，引申为体味），可医尔笔下枯涩之弊；一则吾熟读此书，可常常教尔也。

沅叔（指曾国荃。字沅甫。湘军将领。曾国藩胞弟）及寅皆（邓寅皆。名汪琼。湖南湘潭人，曾国藩给曾家聘请的塾师）先生望尔作四书文

导读

信告纪泽知悉：

近日一连收到你的两封来信，得知你逐次看完《左传注疏》。如果不能把江慎修《礼书纲目》大体看懂，那么《三礼注疏》也很难领会，你可以暂时不必强求，即便是《公羊传》《穀梁传》也可以暂时不看。你明年春把胡刻的《文选》仔细看一遍，一方面你可以体味其精华，改正作文章枯涩无味的缺点；一方面我熟读此书，可常常给你适当的指导。

沅叔和寅皆先生希望你作八

股文，建议极为诚恳。我想到你庚申、辛酉要参加两次科举考试，文章也不能太差，惹人笑话。你从明年正月开始，每月作三篇八股文，都附在信中寄到军营来。另外可将你平时所作的诗赋、论策，也一并寄来。

写字的中锋，用笔尖着纸，古人称作"蹲锋"，像狮蹲、虎蹲、犬蹲。偏锋，用笔腹着纸，不是往左倒，就是往右倒，当将倒未倒的时候，一提笔就是蹲锋。所有用偏锋的时候，也伴有中锋的。此谕。

八股文。科举考试之文体。，极为勤恳。余念考虑尔庚申、辛酉下两科场，文章亦不可太丑，惹人笑话。尔自明年正月起，每月作四书文三篇，俱由家信内封寄营中。此外或作诗赋论策，亦即寄呈。

写字之中锋者，用笔尖着纸，古人谓之"蹲锋"，如狮蹲、虎蹲、犬蹲之象；偏锋者，用笔毫之腹着纸，不倒于左，则倒于右，当将倒未倒之际，一提笔则为蹲锋。是用偏锋者，亦有中锋时也。此谕。

咸丰八年十二月十三日

评析

此封家书，曾国藩将读书的方法、写字的窍门教给儿子，引导他含英咀华，改正作文、写字的缺点。尽管军情紧张、事务繁杂，曾氏仍然不忘督促儿子的学业。

字谕纪泽：

闻尔至长沙已逾月余，而无禀来营，何也？少庚讣信_{报丧的信。讣fù}百余件，闻皆尔亲笔写之，何不发刻_{交付刻板印刷，付印}，或倩_{qìng。使，请人}帮写？非谓尔宜自惜精力，盖以少庚年未三十，情有等差，礼有隆杀_{厚薄}，则精力亦不宜过竭耳。近想已归家度岁。今年家中因温甫叔_{指曾国华。字温甫。湘军将领。曾国藩胞弟。该年十月于安徽三河镇战死}之变，气象较之往年迥不相同。

余因去年在家，争辨细事，与乡里鄙人_{粗鄙之人}无异，至今深抱悔憾，故虽在外，亦恻然寡欢。尔当体我此意，于叔祖各叔父

信告纪泽知悉：

听说你到长沙已经一个多月了，然而却没有书信寄到军营，为什么？少庚报丧的信百余件，听说都是你亲笔写的，为什么不拿去刻写或者请人帮忙写？不是说你应自己珍惜精力，而是少庚还不到三十岁，情况有差别，礼节有轻重，精力也不宜使用过度。近来想你已经回家过年了。今年家中因为温甫叔战死，气象和往年迥然不同。

我因为去年在家里争辩一些琐事，变得和乡下粗鄙之人一样，至今深感悔憾，所以虽然在外面，仍然郁郁寡欢。你应当体会我的这层意思，在叔祖和各位叔父叔

母前多尽孝心，要有休戚与共的思想，不要有彼此歧视的成见，这样长辈内外都会器重和喜欢你，后辈兄弟姊妹都会以你为榜样，越来越亲密，越来越恭敬。如果宗族乡党都说"曾纪泽的肚量超过了他父亲"，那么我会非常高兴。

我以前写信教你学作赋，你回信中没有提到。我又写信讲"涵养"二字，你回信中也没有提到。以后我信中议论的事，你回信时要逐一回答。

我对本朝大儒除了顾亭林以外，最喜欢高邮王氏的学问。王安国以科举鼎甲进入仕途，官做到了尚书，追谥文肃，以严正立

母前尽些爱敬之心，常存休戚一体之念，无怀彼此歧视之见，则老辈内外必器爱尔，后辈兄弟姊妹必以尔为榜样，日处日亲，愈久愈敬。若使宗族乡党皆曰"纪泽之量，大于其父之量"，则余欣然矣。

余前有信教尔学作赋，尔复禀并未提及。又有信言"涵养"二字，尔复禀亦未之及。嗣后 以后。嗣 sì，接续 我信中所论之事，尔宜一一禀复。

余于本朝大儒，自顾亭林之外，最好高邮王氏 王念孙、王引之父子 之学。王安国 字书臣，号春圃。王念孙之父 以鼎甲 科举制度 中状元、榜眼、探花之总称。以鼎有三足，一甲共三名，故称 官至尚书，谥

文肃，**正色**严正立朝。生怀祖先生念孙，经学精卓，生王引之，复以鼎甲官尚书，谥文简。三代皆好学深思，有汉韦氏、唐颜氏之风。

余自憾学问无成，有**媿** kuì。同"愧"，惭愧王文肃公远**甚**相差甚远，而望尔辈为怀祖先生，为伯申氏，则梦寐之际，未尝**须臾**片刻忘也。怀祖先生所著《广雅疏证》《读书杂志》，家中无之。伯申氏所著《经义述闻》《经传释词》，《皇清经解》内有之，尔可试取一阅。其不知者，写信来问。本朝穷经者，皆精**小学**中国传统语文学。包括分析字形的文字学，研

于朝廷。他生了怀祖先生王念孙，王念孙对于经学研究精卓，王念孙生了王引之，王引之又以鼎甲入仕，官至尚书，追谥文简。祖孙三代都好学深思，有汉朝韦氏、唐朝颜氏的风范。

我遗憾自己学问无所成就，有愧于与王文肃公相差很远，但希望你能成为怀祖先生，成为伯申氏，这是我连做梦都没片刻忘记的事。怀祖先生的著作《广雅疏证》《读书杂志》家里没有。伯申氏的著作《经义述闻》《经传释词》在《皇清经解》中有，你可以拿来阅读。有不懂的地方，写信来问我。本朝研究经学的人

都对小学很精通，但大约都没有超过段、王两家的水平。

究字音的音韵学，
解释字意的训诂学，大约不出段、王两家之范围耳。

咸丰八年十二月三十日

评析

在处理具体的事件中教儿子为人处事的方法，不讳言自己的疏失，不吝惜对子女优点的赞美，这是曾国藩家教的过人之处。信中希望乡党称颂"纪泽之量，大于其父之量"，体现出对儿子殷殷期待的同时，也有几分做父亲的幽默。

字谕纪泽：

三月初二日接尔二月廿日安禀，得知一切。内有《贺丹麓先生墓志》，字势流美，天骨_{骨架。指字的间架结构}开张_{舒展}，览之忻慰！惟间架间_{本指房屋的结构形式，借指汉字书写的笔画结构，也泛指文章、方案等的结构、布局。间 jiàn}有太松之处，尚当加功。大抵写字只有用笔、结体两端。学用笔，须多看古人墨迹；学结体，须用油纸摹古帖。此二者，皆决不可易之理。小儿写影本，肯用心者，不过数月，必与其摹本字相肖。吾自三十时，已解古人用笔之意，只为欠却间架工夫，使尔作字不成体段_{体态，架构}。生平欲将柳诚悬_{柳公权。字诚悬。唐朝书法家}、赵子

信告纪泽知悉：

三月初二接到你二月二十日报平安的信，得知一切。信里面有贺丹麓先生的墓志铭，字写得流畅美观，骨架舒张，看了觉得很是欣慰。只是间架结构之间有些地方松散，还应当多下点功夫。大体上练习写字只有用笔和结构两个方面。学习用笔，要多看古人的字迹；学习间架结构，要用油纸临摹古人的字帖。这两个方面，都是绝对不能改变的道理。小孩子写影本，肯用功专心的，不过几个月就会和临摹的字相似。我从三十岁开始，就已经理解古人用笔的方法，只因在间架结构上还差些功夫，以致写字不成体式。平素想把柳诚悬、赵子昂两

家合为一炉，也因为间架结构欠缺功夫，有这个志向也难以成功。你以后应当在间架结构上下一番苦功夫，每天用油纸临摹字帖，要么一百字，要么二百字，不到几个月，不知不觉中间架结构就会和古人很相似。能把柳、赵合为一家，这是我平素的心愿。如果不能实现，就随便你自选一家，只是不可见异思迁。

不仅写字要临摹古人的间架，就是作文章也要模仿古人的风格和结构。《诗经》造句的方法，没有一句话没有根据。《左传》里的文句，多数是现成的语调。扬子云被称为汉代的文宗，而他的《太玄》模仿《易》，《法言》模仿《论语》，《方言》模仿《尔

昂 赵孟頫。字子昂，号松雪，谥号文敏。宋末元初书法家。頫fǔ 两家合为一炉，亦为间架欠工夫，有志莫遂。尔以后当从间架用一番苦功，每日用油纸摹帖，或百字，或二百字，不过数月，间架与古人逼肖 很相似 而不自觉。能合柳、赵为一，此吾之素 一向，平素 愿也。不能，则随尔自择一家，但不可见异思迁耳。

不特 不仅，不但 写字宜摹仿古人间架，即作文亦宜摹仿古人间架。《诗经》造句之法，无一句无所本。《左传》之文，多现成句调。扬子云 扬雄。字子云。西汉文学家 为汉代文宗，而其《太玄》摹《易》，《法言》摹《论语》，

《方言》摹《尔雅》，《十二箴》摹《虞箴》，《长杨赋》摹《难蜀父老》，《解嘲》摹《客难》，《甘泉赋》摹《大人赋》，《剧秦美新》摹《封禅文》，《谏不许单于朝书》摹《国策·信陵君谏伐韩》，几于无篇不摹。即韩、欧、曾、苏诸巨公之文，亦皆有所摹拟，以成体段。尔以后作文、作诗赋，均宜心有摹仿，而后间架可立，则收效较速，其取径较便。

前信教尔暂不必看《经义述闻》，今尔此信言业_{已经}看三本。如看得有些滋味，即一直看下去，不为或作或辍_{chuò。停止，中止，}

雅》，《十二箴》模仿《虞箴》，《长杨赋》模仿《难蜀父老》，《解嘲》模仿《客难》，《甘泉赋》模仿《大人赋》，《剧秦美新》模仿《封禅文》，《谏不许单于朝书》模仿《战国策·信陵君谏伐韩》，几乎没有一篇文章不是模仿的。即使是韩愈、欧阳修、曾巩、苏轼各位文坛巨星的文章，也都有所模仿而自成一家。你以后作文章、作诗赋，都应该用心模仿，然后结构布局可自成一体，这样收效会比较快，入门也比较便捷。

前封信教你暂时可不必看《经义述闻》，现在你信中说已经看了三本了。如果看得有些兴趣，就可以一直看下去，不半途而废，也是好事。只是《周礼》《仪礼》《大戴礼记》《公羊传》《穀梁传》《尔雅》《国语》《太岁考》等书，你从来没有读过正文，这样王氏的《经义述闻》也可以暂时不看。

你想来军营中探望我，很好！我也盼望你来和我一见。婚期既定在五月二十六日，三四月间自不能来。或许七月进省乡试，八月底可来营探望。你身体虽弱，但处在多难之世，如果能够经历风霜磨炼，苦心劳神，也能坚筋骨、

亦是好事。惟《周礼》_{也称《周官》《周官经》。儒家十三经之一}《仪礼》_{简称《礼》，也称《礼经》。中国春秋战国时期的礼制汇编。儒家十三经之一}《大戴礼》_{也称《大戴礼记》。战国末至汉初儒家礼仪著作选集。西汉戴德编}《公》_{《公羊传》}《穀》_{《穀梁传》}《尔雅》_{中国最早的一部训诂专书。是中国词典的雏形。儒家十三经之一}《国语》_{是中国最早的一部国别史。记录了周朝王室和鲁、齐、晋、郑、楚、吴、越等诸侯国的历史。相传为春秋末期左丘明著}《太岁考》_{《经义述闻·太岁考》}等卷，尔向来未读过正文者，则王氏《述闻》亦暂可不观也。

尔思来营省觐_{探望父母或其他尊长。觐jìn，拜见长上}，甚好！余亦思尔来一见。婚期既定五月廿六日，三、四月间自不能来。或七月晋_进省乡试_{明清时，由皇帝钦派主考主持、在各省举行的考试。考中者称举人}，八月底来营省觐亦可。身体虽弱，处多难之世，若能风霜磨炼，苦心

劳神，亦自足坚筋骨而长识见。沅甫叔向_{一向，向来}最羸弱，近日从军，反得壮健，亦其证也。

赠伍崧生之君臣画像乃俗本，不可为典要_{有法度}。奏折稿当钞一目录付归。余详诸叔信中。

咸丰九年三月初三日，清明

长见识。你沅甫叔一向体质虚弱，最近从军之后，反而健壮了，这就是明证。

赠给伍崧生的君臣画像是俗本，不可看作经典之作。奏折稿当抄写一个目录寄回。别的事详见给各位叔叔的信。

此封书信，曾氏先是悉心指导了一番书法练习的技巧，接着又阐述了写文章作诗赋中"模仿"的重要性。谆谆教导、循循善诱，以自己丰富的学养来指导、督促儿子精进学业。所谓"读万卷书不如行万里路"，曾氏不光重视书本教育，还希望孩子能够通过到军营中经历风霜磨炼来强身健体、增长见识，这对于当今家长也是一个很好的启示。

字谕纪泽儿：

二十二日接尔禀并《书谱叙》既是一件草书名作，又是一篇书法论著。唐朝孙过庭撰书，以示李少荃李鸿章。本名章铜，字渐甫或子黻，号少荃（泉），晚年自号仪叟，别号省心，谥文忠。晚清名臣，洋务运动的主要领导人之一、次青李元度。字次青，又字笏庭，自号天岳山樵。清朝大臣、学者、许仙屏许振祎。字仙屏。曾国藩幕僚。官至广东巡抚诸公，皆极赞美。云尔"钩联顿挫，纯用孙过庭草法；而间架纯用赵法，柔中寓刚，绵里藏针，动合自然"等语，余听之亦欣慰也！

赵文敏赵孟頫集古今之大成，于初唐四家内师虞永兴虞世南。字伯施，封永兴县，故称虞永兴。南北朝至隋唐时书法家而参以钟绍京字可大。唐朝书法家，因此以上窥探索二王王羲之、王献之父子。东晋书法家，下法仿效山谷黄庭坚。字鲁直，号山谷道人。北宋书法家，此一径也；于中唐师李北海李邕。字泰和，曾任北海太守。唐朝书法家，

信告纪泽儿知悉：

二十二日收到你的来信和你书写的《书谱叙》，给李少荃、次青、许仙屏等人看了，都十分称赞你。说你的书法"钩联顿挫，完全运用孙过庭的草书方法，而间架结构完全属赵派书法，柔中有刚，绵里藏针，动合自然"，我听了很高兴。

赵文敏集古今之大成，在初唐四家中师从虞永兴，而参学钟绍京，并以此往上探索二王，往下仿效山谷，这是一条学书法的路径；在中唐师从李北海，而参

照学习颜鲁公、徐季海的沉着稳重，这是另一条路径；在晚唐师从苏灵芝，这又是一条路径。

从虞永兴追溯二王和晋、六朝各位名家，是世人所称的南派；由李北海而追溯到欧阳询、褚遂良和魏、北齐各位名家，是世人所称的北派。你要学习书法，要探索这两派的区别，南派以神韵出名，北派以魄力著名。宋朝四家中，苏轼、黄庭坚接近南派，米芾、蔡襄与北派相近。赵子昂想把这两派融会贯通成为一体。你从赵派书法入门，将来或者趋向南派，或者趋向于北派，都不可迷失前进的方向。

而参以颜鲁公颜真卿。字清臣，封鲁郡公，谥文忠。唐朝书法家、徐季海徐浩。字季海。唐代书法家之沉著沉着稳重的笔法，此一径也；于晚唐师苏灵芝唐朝书法家，此又一径也。

由虞永兴以溯sù。向上推求，追求根源二王及晋、六朝诸贤，世所称南派者也；由李北海以溯欧欧阳询。字信本。唐朝书法家、褚褚遂良。字登善。唐朝书法家及魏、北齐诸贤，世所称北派者也。尔欲学书，须窥寻此两派之所以分。南派以神韵胜，北派以魄力胜。宋四家苏苏轼、黄黄庭坚近于南派，米米芾。字元章。北宋书法家。芾fú、蔡蔡襄。字君谟。北宋书法家近于北派。赵子昂欲合二派而汇为一。尔从赵法入门，将来或趋南派，或趋北派，皆不可迷于所往。

我先大夫**竹亭公**^{曾国藩先父曾毓济。字竹亭}少学赵书，秀骨天成。我兄弟五人，于字皆下苦功，沅叔天分尤高。尔若能光大先辈，甚望！甚望！

制艺^{旧指八股文}一道，亦须认真用功。邓瀛师，名手也。尔作文，在家有邓师批改，**付营**^{交到军营来}有李次青批改，此机难得，千万莫错过了！

付回赵书《楚国夫人碑》，可分送三先生（汪、易、葛）、二外甥及尔诸堂兄弟。又旧宣纸手卷、新宣纸横幅，尔可学。《书谱》请徐柳臣一看。此嘱。

咸丰九年三月二十三日

我先人竹亭公，少时学赵孟頫，秀骨天成。我们兄弟五个人，在写字方面都下过很大的功夫，沅叔的天分最高。如果你能发扬光大先辈的业绩，这将是我迫切希望的！

八股文一道，也必须认真用功。邓瀛师是这方面的高手。你作的文章，在家里有邓老师批改，交到军营中来有李次青批改，这是很难得的，千万别错过这样的好机会。

付回赵子昂写的《楚国夫人碑》，可分别送给三位先生(汪、易、葛)、二位外甥和你的各位堂兄弟。又有旧的宣纸手卷、新的宣纸横幅，你可学。《书谱》请徐柳臣看一看，此嘱。

评析 此封家书中，曾氏细数家珍般对书法艺术的主要流派、名师大家一一做了点评，教导儿子要在探索诸流派区别的过程中增进书法造诣，既要融会贯通又不要迷失了方向。俗话说"字如其人"，深受中国传统儒家文化熏陶的曾国藩，非常看重儿子对于书法的修习，并且将之上升到修身立德的高度，叮嘱儿子务必修心养性，勤加练习。

字谕纪泽：

前次于诸叔父信中，复示尔所问各书帖之目。乡间苦于无书，然尔生今日，吾家之书，业已_{业经，已经}百倍于道光中年矣。买书不可不多，而看书不可不知所择。以韩退之为千古大儒，而自述其所服膺_{铭记在心，衷心信奉}之书不过数种：曰《易》_{《易经》}、曰《书》_{《尚书》}、曰《诗》_{《诗经》}、曰《春秋左传》_{《左氏春秋》}、曰《庄子》_{又称《华南经》。主要反映了庄子的哲学、艺术、美学与人生观、政治观。战国时期庄子及后学著。道家经典著作}、曰《离骚》_{中国古代诗歌史上最长的抒情诗。战国时期屈原著}、曰《史记》、曰相如_{司马相如。字长卿。西汉辞赋家}、子云_{扬雄。}。柳子厚自述其所得：正者曰《易》、曰《书》、曰《诗》、曰《礼》_{《仪礼》}、

信告纪泽知悉：

上次在给各位叔父的信中，答复你所问的各种书帖目录。在乡下会因没有书而苦恼，但你生在今日，我们家所珍藏的书已是道光年间的百倍了。买书不能不多，但看书不能没有选择。像韩愈被称为千古大儒，而他自称所钦佩的书也不过几种：《易》《书》《诗》《左传》《庄子》《离骚》《史记》和相如、子云等人的书。柳宗元自称看书所得，正者有《易》《书》《诗》《礼》《春秋》；

旁者有：《穀梁》《孟》《荀》《庄》《老》《国语》《离骚》《史记》等书。两个人读的书都不算多。

本朝会读古书的是高邮王氏父子，我最欣赏他们，曾经多次和你说起过。王怀祖先生在《读书杂志》上所考订的书有：《逸周书》《战国策》《史记》《汉书》《管子》《晏子》《墨子》《荀子》

曰《春秋》中国现存最早的一部编年体史书。记载了从鲁隐公元年（前722年）至鲁哀公十四年（前481年）的历史。由孔子修订。儒家经典著作；旁者曰《穀梁》、曰《孟》《孟子》。战国时期孟子的言论汇编。由孟子及其弟子编撰。儒家经典著作《荀》《荀子》。是荀况总结百家争鸣及阐述自己思想的理论著作。战国时期荀况著。儒家经典著作、曰《庄》《庄子》《老》《老子》。又称《道德经》。全书5000多字，集中体现了老子的思想。春秋时期李耳著。道家经典著作、曰《国语》、曰《离骚》、曰《史记》。二公所读之书，皆不甚多。

本朝善读古书者，余最好高邮王氏父子，曾为尔屡言之矣。今观怀祖先生《读书杂志》中所考订之书：曰《逸周书》又名《周书》《周志》《汲冢周书》。中国先秦史籍、曰《战国策》记载战国时期谋臣策士言行和事迹的著作。西汉刘向编、曰《史记》、曰《汉书》、曰《管子》战国时期各学派的言论汇编。相传为春秋时管仲著。曰《晏子》又名《晏子春秋》。是记载西汉刘向编、曰《晏子》春秋时期齐国政治家晏婴言行的历史典籍。作者不详。西汉刘向编、曰《墨子》阐述墨家思想的著作。由墨子自著和弟子记述墨子言论两部分组成。墨家经典著作、曰《荀子》、曰《淮南子》又名《淮南鸿烈》《刘安子》。是在道家基础上综合诸子百家学说精华的巨著。西汉刘安主持编写、曰《后汉书》记载东汉历史的纪传体史书。南朝宋时期范晔编撰、曰《老》《庄》、曰《吕氏春秋》又名《吕览》。战国末期杂家学派的代表著作。秦国吕不韦主持编撰、曰《韩非子》阐述法家思想的著作。战国时期韩非著、曰《扬子》《扬子法言》。拟《论语》体裁，采用问答形式撰写的哲学著作。西汉扬雄撰、曰《楚辞》战国时期楚国的诗歌总集。西汉刘向编纂、曰《文选》，凡十六种。又别著《广雅疏证》一种。伯申先生《经义述闻》中所考订之书：曰《易》、曰《书》、曰《诗》、曰《周官》、曰《仪礼》、曰《大戴礼》、曰《礼记》、曰《左传》、曰《国语》、曰《公羊》、曰《穀梁》、曰《尔

《淮南子》《后汉书》《老》《庄》《吕氏春秋》《韩非子》《杨子》《楚辞》《文选》等共十六种，又另外著有《广雅疏证》一种。伯申先生《经义述闻》中所考订的书有《易》《书》《诗》《周官》《仪礼》《大戴礼》《礼记》《左传》《国语》《公羊》《穀梁》《尔雅》共十二种。

王氏父子渊博的学识，从古至今都是罕见的，但也不到三十种书。

我于四书五经之外，十多年来最喜欢看的是《史记》《汉书》《庄子》和韩愈的文章这四种，只可惜没有能把它们熟读和细细研究。又爱好《通鉴》《文选》和姚鼐所写的《古文辞类纂》，以及我自己选抄的《十八家诗抄》四种书，一共也不过十几种书。早年我一心一意想做学问，时常想把这十几种书贯穿精通，略作札记，仿效顾亭林、王怀祖。如今年纪大了，时事又很艰难，立下的志向也无所成就，半夜想起

雅》，凡十二种。王氏父子之博，古今所罕，然亦不满三十种也。

余于四书五经之外，最好《史记》《汉书》《庄子》、韩文四种。好之十余年，惜不能熟读精考。又好《通鉴》《资治通鉴》。中国第一部编年体通史。从周威烈王二十三年（公元前403年）起，到五代的后周世宗显德六年（公元959年）征淮南结束。全书共294卷。北宋司马光等编纂、《文选》及姚惜抱姚鼐。字姬传，室名惜抱轩，世称惜抱先生。清代散文家所选《古文辞类纂》，余所选《十八家诗钞》四种，共不过十余种。早岁笃志专心致志，一心一意。笃dǔ，忠实为学，恒思将此十余书贯串精通，略作札记，仿顾亭林、王怀祖之法。今年齿衰老，时事日艰，所志不克能成就，中夜

思之，每用<u>因，因此。介词</u>愧悔。泽儿若能成吾之志，将四书五经及余所好之八种，一一熟读而深思之，略作札记，以志所得，以著所疑，则余欢欣快慰，夜得甘寝，此外别无所求矣。至王氏父子所考订之书二十八种，凡家中所无者，尔可开一单来，余当一一购得寄回。

学问之途，自汉至唐，风气略同；自宋至明，风气略同；国朝又自成一种风气，其尤著者，不过顾（炎武）、阎（百诗）、戴（东原）、江（慎修）、钱（辛楣）<u>钱大昕。字晓徵，号辛楣，晚号潜研老人，又号竹汀。清朝史学家、汉学家。昕 xīn</u>、秦（味经）、段（懋堂）、王（怀

来，时时因此惭愧悔恨。泽儿如果能完成我的志向，把四书、五经和我爱好的八种书，一一熟读并深入研究，略作札记，记下读后的心得体会和疑难问题，那我就欢欣快慰，夜得安寝，除此别无他求了。至于王氏父子考订的二十八种书，凡是家里没有的，你可以开一个清单来，我会一一购买了寄回去。

做学问的途径，从汉到唐，风气大约都相同；从宋朝到明朝，风气也大致相同；本朝又自成一种风气。特别著名的不过有顾（亭林）、阎（百诗）、戴（东原）、江（慎修）、钱（辛楣）、秦（味经）、段（懋堂）、王（怀祖）等数人。

由于形成了风气，人才辈出。你有读书的志向，不必标榜汉学的名目，但不能不了解以上几位先生的治学之道。凡有所见所闻，要随时向我禀告，我也会随时给你解答，比当面问答，更容易有所长进。

祖）数人。而风会 风气，时尚 所扇 shān。吹动，群彦 众英才。彦 yàn，有才德的人 云兴 如云涌起。喻众多的事物一下子出现。尔有志读书，不必别标汉学之名目，而不可不一窥数君子之门径。凡有所见所闻，随时禀知，余随时谕答，较之当面问答，更易长进也。

咸丰九年四月二十一日

评析

曾氏指导儿子读书有一个非常独到的观点：买书不可不多，而看书不可不知所择。他在信中列举了许多有声望的大学问家对于书籍的选择，并以"成吾之志"的希望来期待、勉励儿子，一方面督促儿子坚定读书治学的志向，另一方面也提醒儿子多读前人认定的经典可以少走弯路。

字谕纪泽：

　　尔作时文_{应试的文章，特指八股文}，先宜讲词藻。欲求词藻富丽，不可不分类钞撮_{抄摘}体面话头。近世文人，如袁简斋_{袁枚。字子才，号简斋。清朝诗人、散文家}、赵瓯北_{赵翼。字耕崧，号瓯北。清朝诗人，史学家}、吴毅人，皆有手钞词藻小本，此众人所共知者。阮文达_{阮元。字伯元，谥文达。清代学者}公为学政时，搜出生童_{生员和童生。生员指封建科举制时代，在太学等处学习的人，明清时代指通过最低一级考试，取入府、县学的人，也称秀才。而未考取生员（秀才）资格之前，不管年龄大小都称为童生或儒童}夹带，必自加细阅。如系亲手所钞，略有条理者，即予进学_{明清两代指童生考取生员，进入府、县学读书}；如系请人所钞，概录陈文者，照例罪斥。阮公一代闳_{hóng。通"宏"，宏大}儒，则知文人不可无手钞夹带小本矣。昌黎_{韩愈}之

信告纪泽知悉：

　　你作八股文，应先讲究辞藻。要想辞藻富丽，不可不分类摘抄体面的词语。近代文人如袁简斋、赵瓯北、吴毅人，都有手抄辞藻小本，这是人所共知的事情。阮文达公当学政时，搜出童生考试夹带的小本，一定亲自仔细翻阅。如果是自己亲手抄写，稍有条理的，就让他继续进入府县学习；如果是请别人抄写的，而且都是抄的陈旧老文章，则照例论罪斥退。阮公一代大儒，知道文人不可能没有手抄夹带小本子。昌黎

的"记事提要""纂言钩玄"，也是分类的手抄小册子。你去年乡试的文章，辞藻太空乏了，几乎不能铺陈发挥成一篇文章。此时下一番功夫，必须把分类手抄辞藻放在第一位。

你此次回信，就将所分之类开列目录，随信一并寄过来。要分大纲子目：例如伦纪类为大纲，那么君臣、父子、兄弟为子目；王道类为大纲，那么井田、学校为子目。除此之外其他各目，可以类推。你曾看过《说文》《经义述闻》，这两本书中可以摘抄的地方很多。此外，如江慎修的

"记事提要"，"纂言钩玄" 语出韩愈《进学解》："纪事者必提其要，纂言者必钩其玄。"大意是：对待记事一类著作，一定要提纲挈领，抓住要点；对待立论一类著作，一定要寻求奥妙，探索精微。纂 zuǎn，编纂；钩，探求、探索；玄，精深的道理 ，亦系分类手钞小册也。尔去年乡试之文，太无词藻，几不能敷衍 fū yǎn。铺叙引申 成篇。此时下手工夫，以分类手钞词藻为第一义。

尔此次复信，即将所分之类开列目录，附禀寄来。分大纲子目：如伦纪类为大纲，则君臣、父子、兄弟为子目；王道类为大纲，则井田、学校为子目。此外各门，可以类推。尔曾看过《说文》 《说文解字》。东汉许慎撰。是中国第一部系统地分析汉字字形和考究字源的字书，也是世界上最早的字典之一 《经义述闻》，二书中可钞者多。此外如江慎

066
·
067

修之《类腋》及《子史精华》《渊
鉴类函》，则可钞者尤多矣。
尔试为之，此科名 ^{科举考中，取得功名} 之要
道，亦即学问之捷径也。此谕。

咸丰九年五月初四日

《类腋》以及《子史精华》《渊
鉴类函》，可摘抄的地方更多了。
你试着这样做，这是考取功名的
重要途径，也是做学问的捷径。
此谕。

此封家书围绕"做小抄"
这样一件小事，向儿子娓娓讲述
了做学问"好记性不如烂笔头"
的道理，堪称一篇"八股文写作
技巧指导"。针对儿子写文章辞
藻空乏的问题，曾氏开出了"分
类手抄"的药方，并语重心长地
指出这是"科名之要道，亦即学
问之捷径"。

器具質而
潔瓦缶勝
金玉

器具质而
洁瓦缶胜
金玉

字谕纪泽：

接尔二十九、三十号两禀，得悉得知。悉，知道。《书经注疏》看《商书》已毕。《书经注疏》颇庸陋浅显，不如《诗经》之该博全面广博。我朝儒者如阎百诗、姚姬传诸公皆辨别古文《尚书》之伪。孔安国字子国，孔子第十世孙。西汉经学家。之传，亦伪作也。盖秦燔fán。焚烧。书后，汉代伏生伏胜。字子贱。西汉经学家。所传，欧阳及大小夏侯所习，皆仅二十八篇，所谓今文《尚书》者也。厥其后孔安国家有古文《尚书》，多十余篇，遭巫蛊之事汉武帝病，宠臣江充说是因为受到巫蛊所致，于是在宫中掘地搜查。江充与太子刘据有矛盾，乘机诬称巫蛊与太子有关。太子畏惧，起兵捕杀江充，后被迫自杀。古代迷信，称巫师用邪术加害于人为巫蛊。，未得立于学官，不传于世。

信告纪泽知悉：

收到你二十九、三十日的两封来信，得知你《书经注疏》已看完了《商书》。《书经注疏》比较浅显，不如《诗经》博大精深。我朝大儒，如阎百诗、姚姬传等人都辨别古文《尚书》是伪书。孔安国写的《尚书传》也是伪作。自秦焚书以后，汉代伏生所作的传，欧阳和大小夏侯所研习的都只有二十八篇，就是所谓的今文《尚书》。其后孔安国家有古文《尚书》，多十几篇，但因为遭受巫蛊的祸事，没有立于学官，所以不传于后世。其后张霸又有《尚书》一百零二篇，也不传于后世。后汉贾逵、马融、郑玄作的古文《尚书》注释，也不传于后世。到了东晋梅赜才献上古文《尚书》及孔安国的《尚书传》，从六朝、唐、宋就一直传承它，就是现在的通行本。从吴才老至朱子、梅鼎祚、归震川，都怀疑它是伪作，到了阎百诗就专门写了一本书痛加辩驳，书名为《尚书古文疏证》。从此辨别真伪的有几十家，人人都说这些是伪古文、伪孔传。《日知录》中对这些原委大略说明，

厥后张霸有《尚书》百两篇，亦不传于世。后汉贾逵〔字景伯。东汉经学家〕、马〔马融。字季长，东汉经学家〕、郑〔郑玄。字康成，东汉经学家〕作古文《尚书》注解，亦不传于世。至东晋梅赜〔字仲真。东晋人。曾任豫章内史。献古文《尚书》及《尚书孔氏传》立为官学。但被宋以来的考据家指为伪书。赜 zé〕始献古文《尚书》并孔安国传〔孔安国的《尚书传》，今称《伪孔传》〕，自六朝唐宋以来承之，即今通行之本也。自吴才老〔吴棫。字才老。宋朝音韵学家。棫 yù〕及朱子、梅鼎祚〔字禹金，号胜乐道人。明朝戏曲家、文学家、小说家〕、归震川〔归有光。字熙甫，又字开甫，别号震川，又号项脊生，世称震川先生。明朝散文家、古文家〕，皆疑其为伪；至阎百诗遂专著一书以痛辨之，名曰《疏证》〔《尚书古文疏证》〕。自是〔从此〕辨之者数十家，人人皆称伪古文、伪孔氏也。《日知

录》明末清初学者顾炎武著。为读书笔记汇录中略著其原委。王西庄王鸣盛。字凤喈，一字礼堂，别字西庄。清朝史学家、经学家、考据学家、孙渊如孙星衍。字渊如，号伯渊。清朝经学家、目录学家、江艮庭江声。字叔瀛，号艮庭。清朝经学家。艮gèn三家皆详言之（《皇清经解》中有江书，不足观）。此亦六经中一大案，不可不知也。

尔读书记性平常，此不足虑。所虑者，第一怕无恒，第二怕随笔点过一遍，并未看得明白，此却是大病。若实看明白了，久之必得些滋味，寸心若有怡悦喜悦之境，则自略记得矣。尔不必求记，却宜求个明白。

邓先生讲书，仍请讲《周易折中》。余圈过之《通鉴》，暂不必讲，恐污坏耳。尔每日

王西庄、孙渊如、江艮庭三家都讲得很详细（《皇清经解》中收有江艮庭的书，不值得看）。这也是"六经"中的一个大案，不能不了解。

你读书记忆力平常，这不用担心。读书担心的第一是没有恒心，第二是怕随意用笔点过一遍，并没有看明白，这却是大毛病。如果确实看明白了，时间长了一定能体会到其中的意味，心中如果有了乐趣，就自然大致记得了。你不必要求记住，但应该弄个明白。

邓先生讲书，仍请他讲《周易折中》。我圈点过的《通鉴》，暂时不必讲，怕弄脏了。你每天

起得早吗？附带问一问。此谕。

起得早否？并问。此谕。

咸丰九年六月十四日

评
析

　　"读书不宜强求记忆，却宜求个明白"——尽管儿子记忆力一般，但曾氏并没有急切地揠苗助长，指导其读书也没有望子成龙的急功近利，而是因材施教，强调"恒心"和"明白"，这对当今家庭教育仍然有很强的示范意义。

字谕纪泽儿：

接尔七月十三、廿七日两禀，并赋一篇，尚有气势（指诗文的气韵或格调）。兹批出发（还尚未批，下次再发）。

凡作文，末数句要吉祥；凡作字，墨色要光润。此先大夫竹亭公常以教余与诸叔父者，尔谨记之，无忘祖训。尔问各条，分别示知：

尔问《五箴》（指曾国藩所著《终身五箴》。箴 zhēn，一种以规诫为主题的文体）末句"敢告马走（马夫）"。凡箴以《虞箴》为最古（《左传·襄公》），其末曰："兽臣（即虞人。古代掌管山泽、主田猎的官）司原（主管田猎），敢告仆夫。"意以兽臣有司（主管）郊原之责，吾不敢直告之，但告其仆耳。扬子

信告纪泽儿知悉：

接到你七月十三、二十七日两封信与一篇辞赋，还比较有气势，现在批改寄回（还未批发，下次再寄）。

凡是作文章，最后几句话要吉祥；凡是写字，墨色要光润。这是先大夫竹亭公常常教导我和你几个叔叔的道理，你也要谨记！不要忘了祖训。你所问的其他的问题，我分别告知如下：

你问《五箴》最后一句"敢告马走"。凡箴这类文体以《虞箴》为最古老（《左传·襄公》），该文最后说："兽臣司原，敢告仆夫。"意思是说，虞人有管理郊原的责任，我不敢直言相告，只是告诉了他的仆从。扬子云摹

仿它作了《州箴》：冀州长官说，"牧民之臣管理冀州，斗胆告诉阶下人"；扬州长官说，"牧民之臣管理扬州，斗胆告诉执筹者"；荆州长官说"牧民之臣管理荆州，斗胆告诉执御者"；青州长官说，"牧民之臣管理青州，斗胆告诉执矩者"；徐州长官说"牧民之臣管理徐州，斗胆告诉仆人"。我写的"敢告马走"也是用的这类句式。走，类似仆人的意思（见司马迁《报任安书》注文、班固《宾戏》注文）。朱子作《敬箴》，说"斗胆告诉灵台"，灵台不是仆人车马的意思，和古人稍微有一些误差。凡箴这类文体，以官箴为本，如韩愈的《五箴》、程颐的《四箴》、朱熹的各箴、范浚的《心箴》之类，大都失去了本义，我也沿袭他们不用本义。

云仿之作《州箴》：冀州曰"牧臣司冀，敢告在阶"；扬州曰"牧臣司扬，敢告执筹"；荆州曰"牧臣司荆，敢告执御"；青州曰"牧臣司青，敢告执矩"；徐州曰"牧臣司徐，敢告仆夫"。余之"敢告马走"，即此类也。走，犹仆也（见司马迁{字子长。西汉文学家、史学家、思想家}《任安书》注、班固{字孟坚。东汉文学家、史学家}《宾戏》注）。朱子作《敬箴》，曰"敢告灵台"，则非仆御{泛指仆役，如上文所说的执矩、执御、执筹、马走等等}之类，于古人微有歧误矣。凡箴以官箴为本，如韩公{韩愈}《五箴》、程子《四箴》、朱子各箴、范浚{字茂名，一作茂明，世称香溪先生。宋朝理学家。浚jùn}《心箴》之属皆失本义，余亦相沿失之。

尔问看注疏之法。"《书经》文义奥衍文章内容博大精深。衍 yǎn, 广博，注疏勉强牵合"，二语甚有所见。《左》《左传》疏注浅近浅显, 不深奥，亦颇不免。国朝如王西庄（鸣盛）、孙渊如（星衍）、江艮庭（声）皆注《尚书》，顾亭林（炎武）、惠定宇（栋）惠栋。字定宇，号松崖。清朝汉学家、王伯申（引之）皆注《左传》，皆刻在《皇清经解》中。《书经》则孙注较胜，王、江不甚足取。《左传》则顾、惠、王三家俱精，王亦有《书经述闻》，尔曾看过一次矣。大抵《十三经注疏》以三《礼》为最善，《诗》疏次之，此外皆有醇精纯有驳驳杂。尔既已

你问看注疏的方法。"《书经》文义博大精深，注疏则勉强迁就凑合"，这两句话很有见地。《左传》注疏浅显，也不能免去"勉强牵合"。我朝像王西庄、孙渊如、江艮庭都曾经注解过《尚书》，顾亭林、惠定宇、王伯申都曾注解过《左传》，都刊刻在《皇清经解》中。《书经》孙渊如注比较好，王西庄、江艮庭不大可取。《左传》则顾亭林、惠定宇、王伯申三家注解得很精到，王伯申也有《书经述闻》，你曾看过一次。总体上说《十三经注疏》以三《礼》注得最好，《诗经》次之，此外都有精有杂。你既然已经看了几部经，

就要立志把这些经典全看一遍，以期做事有恒心，不可半途而废。

你问写字换笔的方法。凡转折的地方，如

フ乁乚し

之类，必须换笔，这不用多说。至于没有转折的形迹也须要换笔的，如果就一横而言，有三种换笔的形式：

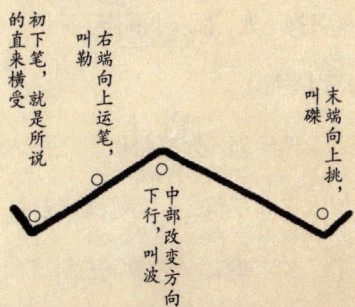

初下笔，就是所说的直来横受

右端向上运笔，叫勒

中部，改变方向下行，叫波

末端向上挑，叫磔

如果就一竖言之，有两次换笔：

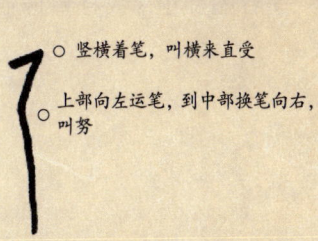

○ 竖横着笔，叫横来直受

○ 上部向左运笔，到中部换笔向右，叫努

看动数经，即须立志全看一过，以期作事有恒，不可半途而废。

尔问作字换笔之法。凡转折之处，如

フ乁乚し

之类，必须换笔，不待言矣。至并无转折形迹，亦须换笔者，如以一横言之，须有三换笔。

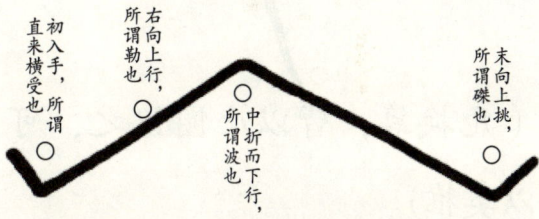

初入手，所谓直来横受也

右向上行，所谓勒也

中折而下行，所谓波也

末向上挑，所谓磔也

以一直言之，须有两换笔。

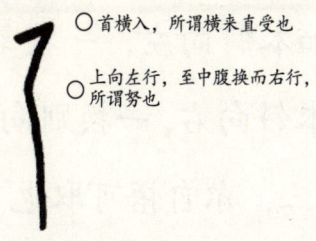

○ 首横入，所谓横来直受也

○ 上向左行，至中腹换而右行，所谓努也

捺与横相似，特末笔处磔_{zhé。汉字的一种书}

_{写笔画，即捺}更显耳。

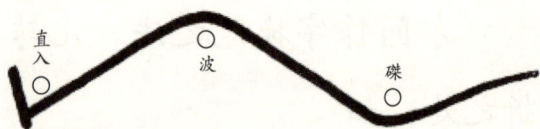

撇与直相似，特末笔更撇向外耳。

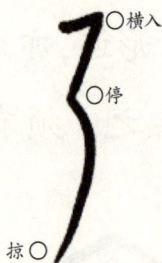

（凡换笔，皆以小圈识之，可以类推）。

凡用笔，须略带欹斜_{歪斜不正。欹 qī}之势，如本斜向左，一换笔则向右矣；本斜向右，一换则向左矣。举一反三，尔自悟可取也。

李春醴_{lǐ}处，余拟送之八十

捺与横相似，只是尾部处的磔更显：

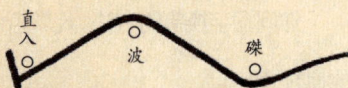

撇与竖相似，只是尾部更撇向外：

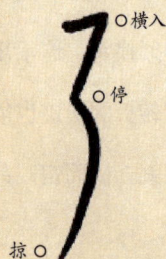

（凡换笔处，都以小圈作了标识，可以类推）。

凡用笔，须略带倾斜之势，如本来向左斜，一换笔就向右斜了；本斜向右，一换就向左斜了。举一反三，你可以自己领悟。

李春醴那里，我打算送他

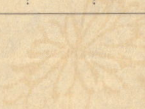

八十两银子，如果家里之前没送，可寄信来。凡家中亲友有庆祝或吊唁的事情，都可以写信到军营中由我送礼。

金，若家中未先送，可寄信来。凡家中亲友有庆吊事，皆可寄信由营致情也。

咸丰九年八月十二日，黄州

评析

读书与写字是曾氏家书永恒的主题。尤其是此封信中，曾氏要求儿子下恒心立志把"经"全看一遍，"不可半途而废"，体现出曾国藩对待儿子学业一丝不苟的要求。教育孩子不需要整天讲治国安邦的大道理，而要从落细、落小、落实上下功夫。从教其写好一撇一捺做起，反而能够举一反三，以小见大。

字谕纪泽：

廿一日得家书，知尔至长沙一次，何不寄安禀来营？

婚期改九月十六，余甚喜慰！余老境侵寻_{渐进}，颇思将儿女婚嫁早早料理。

袁漱六亲家患咯_{kǎ}血疾，昨专人走松江看视。若得复元，吾即思明春办大女儿嫁事。袁铁庵来我家时，尔禀问母亲，可以吾意商之。

京中书到时，有胡刻《通鉴》一部，留家中讲解，即将吾圈过一部寄来营可也。又汲古阁_{明代私人藏书楼和刻书工场。毛晋创办}初印《五代史》_{《五代史》有《新五代史》《旧五代史》之分。《新五代史》，原名《五代史记》，宋朝欧阳修撰}

信告纪泽知悉：

二十一日收到家书，得知你到了长沙一次，为什么没有寄平安信来军营呢？

婚期改在九月十六，我很高兴！我已渐渐衰老，非常希望能够将儿女的婚嫁之事早日料理好。

袁漱六亲家患有咯血的疾病，昨天派人专门去松江探望。如果能够复元，我就想明年春天筹办大女儿结婚的事情。袁铁庵来我家时，你可以向母亲禀告此事，可以把我的意思同她商量。

京中书到了时，有胡刻《通鉴》一部，留在家中讲解，把我圈点过的一部寄来军营就可以了。又有汲古阁初印《五代史》一部，一部，亦寄来。皮衣等件，速速寄来。吾买帖数十部，下次寄尔。此谕。

咸丰九年九月二十四日

也给我寄来。皮衣等东西，速速寄来。我买了数十部字帖，下次寄给你。此谕。

评
析

子女的终身大事，始终是父母的心头牵挂，无论是帝王将相还是平民百姓莫不如此。尤其是到了"老境侵寻"之时，这种迫切的心情尤甚。此信能看出曾国藩一代名臣的慈父心肠。

字谕纪泽儿：

接尔十九、二十九日两禀，知喜事完毕。新妇能得尔母之欢，是即家庭之福。

我朝列圣_{诸位皇帝}相承，总是寅正_{旧时计时，指凌晨四点}即起，至今二百年不改。我家高曾祖考相传早起。吾得见竟希公_{曾国藩曾祖父}、星冈公_{曾国藩祖父}，皆未明即起，冬寒，起坐约一个时辰，始见天亮。吾父竹亭公亦甫_{刚刚}黎明即起，有事则不待黎明，每夜必起看一二次不等，此尔所及见者也。余近亦黎明即起，思有以绍_{继承}先人之家风。尔既冠_{成年}授

信告纪泽儿知悉：

收到你十九、二十九日两封来信，知道喜事已经办完。儿媳能得到你母亲的欢心，这是全家的福气。

我朝各位皇帝代代相承，总是凌晨四点就起床，至今二百年不变。咱们家历代相传早起，我曾见过竟希公、星冈公都是天没亮就起床，冬天寒冷，起床坐大约两个小时，才看到天亮。我父亲竹亭公也是黎明就起床，如果有事情还不到黎明就起床，每天夜里一定要起床看一两次不等，这是你曾看到的。我近年来也是黎明就起床，想继承先人的家风。你既然已成人结婚，也应以早起

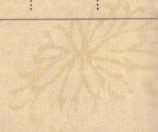

为第一件要紧的事情，自己要身体力行，也要带领新媳妇去努力做到。

我生平因为没恒心，万事无成。德无成，业不就，深以为耻。等到操办军机事务，自己发誓专心一意，这中间本来的志向发生了改变，更是最无恒心的表现，内心引以为耻。你想要略有成就，必须从"有恒"两字下手。

我曾经仔细观察星冈公仪表过人，全在一个"重"字。我走路仪容举止也较稳重敦实，就是从星冈公身上学来的。你的仪容举止很轻浮，这是一个大毛病，以后须时时留心。无论行走起坐，都应稳重。早起、有恒、稳重，这三件都是你最重要的事。早起

室(娶妻成家)，当以早起为第一先务，自力行之，亦率新妇力行之。

余生平坐(因为，由于)无恒之弊，万事无成。德无成，业无成，已可深耻矣。逮(及，到)办理军事，自矢(发誓。矢，通"誓")靡他(没有二心。靡，无)，中间本志变化，尤无恒之大者，用(以。介词)为内耻。尔欲稍有成就，须从"有恒"二字下手。

余尝细观星冈公仪表绝人(超过人)，全在重字。余行路容止亦颇重厚(持重而敦厚)，盖取法于星冈公。尔之容止甚轻(轻率，不庄重)，是一大弊病，以后宜时时留心，无论行坐，均须重厚。早起也，有恒也，重也，三者皆尔最重

要之务。早起是先人之家法，
无恒是吾身之大耻，不重是尔
身之短处，故特谆谆戒之。

吾前一信答尔所问者三
条：一字中换笔，一"敢告马
走"，一注疏得失。言之颇详。
尔来禀何以并未提及？以后凡
接我教尔之言，宜条条禀复，
不可疏略。此外教尔之事，则
详于寄寅皆先生"看、读、写、
作"一缄 jiān。信函 中矣。此谕。

咸丰九年十月十四日

是先人的家风，没有恒心是我的
大耻，不稳重是你的缺点，所以
特地谆谆告诫你。

我以前一封信回答了你的三
个问题：一是写字中的换笔，二
是"敢告马走"，三是注疏得失。
阐述得颇为详尽。你为什么回信
的时候没有提及呢？以后凡是收
到我教诲你的话，你要一条一条
给我回复，不可疏忽。除此之外
教你的事情，详细地写在了给寅
皆先生关于"看、读、写、作"
的那封信里了。此谕。

评析

家信是教育的工具和联系的纽带，曾氏比较注意教育效果的反馈，因此，对前一次所教内容都要求儿子条条回复。一日之计在于晨，早起的习惯是曾国藩较为看重的"先人家风"，信中他反复要求儿子做到这一点。实际上，持守早起的作息习惯是一个重要的象征，背后体现的是儒家对于持守"修身""慎独""克己"的追求。

字谕纪泽：

　　初一日接尔十六日禀，澄叔已移寓新居，则黄金堂老宅，尔为一家之主矣。

　　昔吾祖星冈公最讲治家之法：第一起早，第二打扫洁净，第三诚修祭祀，第四善待亲族邻里。凡亲族邻里来家，无不恭敬款接，有急必周济之，有讼（纠纷，争辩）必排解之，有喜必庆贺之，有疾必问，有丧必吊。此四事之外，于读书、种菜等事，尤为刻刻留心，故余近写家信，常常提及书、蔬、鱼、猪四端者，盖祖父相传之家法也。尔现读书无暇（xiá。空闲），此八事纵不

信告纪泽知悉：

　　初一接到你十六日的来信，知道澄叔已搬到新房去住了，那么黄金堂的老房子，你就是一家之主了。

　　过去我的祖父星冈公最讲究治家的方法：第一要早起；第二要把屋子打扫干净；第三要诚心诚意地祭祀；第四要善待亲族邻里。凡是亲戚族人邻居来家中，无不恭敬款待。有急事一定对他们进行周济，有纠纷一定会去帮他们排解，有喜事一定会去庆贺，有疾病了一定会去慰问，有丧事一定会去吊唁。除了这四件事情之外，在读书、种菜等事上最是时刻留心，所以我近段时间写信，时常提到读书、种菜、养鱼、喂猪这四个方面，这都是祖父传下来的家法。你现在读书没有空余的时间，这八件事纵然不能一一

亲自料理，但是不能不认识到它们的意义。请朱运四先生悉心经营，这八个方面缺一不可。

诚心诚意做好祭祀这件事，必须你母亲时时放在心上。凡是一等好的器皿留下来作为祭祀用，最好的饮食也要为祭祀预备。凡是不讲究祭祀的人家，即使兴旺，也不会很长久。这至关重要！至关重要！

你所说读《文选》的方法，不是没有见地。我观察汉魏文人，有两个方面最难以被超越：一是古书文字解释精确，二是声调铿锵有力。《说文解字》的训诂之学，从中唐以后，人们谈论的不多了；宋以后解说儒家经书尤其不明白前人的意思；直到我大清朝的这些大儒，才精通语言文字之学。

能一一亲自经理，而不可不识得此意，请朱运四先生细心经理，八者缺一不可。

其诚修祭祀一端，则必须尔母随时留心。凡器皿第一等好者留作祭祀之用，饮食第一等好者亦备祭祀之需。凡人家不讲究祭祀，纵然兴旺，亦不久长。至要！至要！

尔所论看《文选》之法，不为无见_{没有见解}。吾观汉魏文人，有二端最不可及，一曰训诂精确，二曰声调铿锵。《说文》训诂之学，自中唐以后人多不讲；宋以后说经_{讲解儒家经书}尤不明故训_{古人的注解}，及至我朝巨儒始通小学。段懋堂、王怀祖两家，遂精研乎古人文字声音之本_{本源}，乃知《文选》中古赋所用之字，无不典雅精当。尔若能熟读段、王两家之书，则知眼前常见之字，凡唐宋文人误用者，惟六经不误，《文选》中汉赋亦不误也。即以尔禀中所论《三都赋》_{即《吴都赋》《魏都赋》《蜀都赋》。晋朝文学家左思创作}言之，如"蔚若相如，皭若君平"_{语出《蜀都赋》。皭 jiào，洁白，洁净。}，以一"蔚"字该括_{概括}相如之文章，以一"皭"字该括君平之道德，此虽不尽关乎训诂，亦足见其下字之不苟_{马虎，随便}矣。至声调之铿锵，如"开高轩以临山，列绮窗而瞰江"_{语出《蜀都赋》。高轩 xuān，堂左右有窗的高的长廊；绮 qǐ}

段懋堂、王怀祖两家，精心研究古人字形、字义、字音之本源，才体会到《文选》中古赋所用之字，无不典雅精当。你如果能够熟读段懋堂、王怀祖两家的书，就知道眼前常见之字，凡是唐宋文人误用的，只有六经无误；《文选》中汉赋也没什么错误。就拿你信中谈到的《三都赋》而言，如"蔚若相如，皭若君平，"以一"蔚"字概括司马相如的文章；以一"皭"字概括严君平的道德。这虽然不完全是关于训诂，也足见作者用字的一丝不苟了。至于声调铿锵，如"开高轩以临山，列绮窗而瞰江"，"碧出苌弘之血，鸟生杜宇之魄"，"洗兵海岛，刷马江洲"，"数军实乎桂林之苑，飨戎旅乎落星之楼"等句子，音韵与节奏，都是后世所比不上的。你读《文选》如果能够从这两个方面用心，就能渐渐摸到门道。

陈作梅先生想必已经到咱家，你要恭敬款待。沅甫叔既然已经到军营来了，就没有人陪他前往益阳了。听说胡宅派专人到我们家乡来迎接，就请陈作梅单独去就可以了。你舅父欧阳牧云先生身体不怎么经得起劳累，就请他不用来军营了。我这次没有给他

窗，雕刻或绘饰精美的窗户；瞰 kàn，俯视，**"碧出苌弘之血，鸟生杜宇之魄"** 语出《蜀都赋》。苌 cháng 弘，字叔。四川资阳县人。东周周敬王时期蒙冤被杀。相传蜀人藏其血，三年后化为碧玉；杜宇，传说中的古蜀国国王，又称望帝。死后其魂化为杜鹃，**"洗兵海岛，刷马江洲"** 语出《魏都赋》，**"数军实乎桂林之苑，飨戎旅乎落星之楼"** 语出《吴都赋》。军实，战利品；飨 xiǎng，犒赏；戎 róng 旅，军旅，军队 等句，音响节奏，皆后世所不能及。尔看《文选》能从此二者用心，则渐有入理处矣。

作梅先生想已到家，尔宜恭敬款接。沅叔既已来营，则无人陪往益阳。闻胡宅专人至吾乡迎接，即请作梅独去可也。尔舅父牧云先生身体不甚耐劳，即请其无庸 无须 来营。吾此次无

信，尔先致吾意，下次再行寄信。

此嘱。

咸丰十年闰三月初四日

们写信，你先传达我的意思，下次再给他们寄信。此嘱。

　　如何做好一家之主？曾氏在这封信中给出了他的"四项基本原则"：一是每天清晨早起；二是房屋打扫干净；三是诚心诚意祭祀；四是善待亲族邻里。话虽朴实，事虽琐碎，但正所谓"窥一斑而见全豹"，"一屋不扫何以扫天下"，这四条小事做到了，家族也就自然兴旺了。

饮食約而
精園蔬愈
珍羞

饮食约而
精园蔬愈
珍羞

字谕纪泽：

二十七日刘得四到，接尔禀。所谓论《文选》俱有所得，问小学亦有条理。甚以为慰！

沅叔于二十七到宿松，初三日由宿至集贤关，将尔禀带去矣。余不能悉记，但记尔问"穜 zhòng 種 zhǒng"二字，此字段懋堂辨论甚晰。"穜"为埶 yì。艺的本字，种植的意思 也（犹吾乡言栽也，点也插也）；"種"为后熟之禾，《诗》之"黍 shǔ 稷 jì 重 穋 lù"（《七月》《閟宫》），《说文》作"種 稑 lù。晚种早熟的谷"。種，正字也；重，假借字也；穋与稑，异同字也。隶书以"穜種"二

《中华十大家训》

曾文正公家训

卷五

信告纪泽知悉：

二十七日刘得四来军营，接到你信，所议论《文选》都有一些心得，问小学也有条理。我为此非常欣慰！

沅叔于二十七日到宿松，初三由宿松到集贤关，将你的信带去了。我无法全部记得，只记得你问的"穜種"二字，此字段懋堂辨析和论述得最为明晰。"穜"是农艺（就像农家说的栽、点、插的意思）；"種"是后熟的禾苗，《诗经》中的"黍稷重穋"（见《诗经·豳风·七月》《诗经·鲁颂·閟宫》），《说文解字》里为"種稑"。種，是正字；重，是假借字；穋与稑是异体字。隶书将"穜種"

二字互用，今人把"耕種"都写作"種"字。

我对于训诂、词章两个方面，都曾下过功夫。你看书如果能够懂得训诂，就会对古人的故训大义、引申假借渐渐开悟，而后人承讹袭误之习也可以改变。如果能够通晓词章，则对于古人文章的格调、气势、开合转折渐渐开悟，而后人硬腔滑调的习气也可以改变。这是我所殷切期望的。

以后你每月做三样功课：一篇赋，一篇古文，一篇时文。都交给长夫带到军营里来，每月恰好有三次长夫要传递家信。

我对你不放心的有两件事：

字互易，今人于"耕種"概用"種"字矣。

吾于训诂、词章二端，颇尝尽心。尔看书若能通训诂，则于古人之故训大义、引伸假借渐渐开悟，而后人承讹 é。错误 袭误之习可改。若能通词章，则于古人之文格文气 文章的格调和气势，开合转折 文章的铺展、开合、转换 渐渐开悟，而后人硬腔滑调之习可改。是余之所厚望也。

嗣后尔每月作三课：一赋，一古文，一时文。皆交长夫带至营中，每月恰有三次长夫接家信也。

吾于尔有不放心者二事：

一则举止不甚重厚，二则文气不甚圆适<u>流转畅通</u>。以后举止留心一"重"字，行文留心一"圆"字。至嘱！

咸丰十年四月初四日

一是举止不甚稳重，二是文气不甚圆润。以后举止留心一"重"字，行文留心一"圆"字。至嘱！

古代小学即语言文字之学，历来被视为极繁难、极考验恒心和毅力的学问，曾氏恰恰要求儿子要对训诂之学用心学习，并以自己的学习经验为例，强调了通"训诂"和"词章"对于心性修养的重要性。为了督促儿子的学业，曾氏还有针对性地布置了"家庭作业"，要求曾纪泽每月作三样功课。末了，还不忘叮嘱儿子注意改正自己的两个缺点，谆谆教诲，拳拳之心，可见一斑！

字谕纪泽：

十六日接尔初二日禀并赋二篇，近日大有长进，慰甚！不论古今何等文人，其下笔造句，总以"珠圆玉润"四字为主；故无论古今何等书家，其落笔结体，亦以"珠圆玉润"四字为主。故吾前示尔书，专以一"重"字救尔之短，一"圆"字望尔之成也。

世人论文家_{文学家}之语，圆而藻丽者，莫如徐（陵）_{字孝穆。南朝文学家}、庾（信）_{字子山。南北朝时文学家}，而不知江（淹）、鲍（照）则更圆；进之沈（约）_{字休文。南朝文学家、史学家}、任（昉）_{字彦升。南朝文学家、地理学家。昉 fǎng}则亦圆；进之潘（岳）_{字安仁。西晋文学家}、陆（机）_{字士衡。西晋文}

信告纪泽知悉：

十六日接到你初二的来信和两篇赋，看到你近日大有长进，我很是高兴！无论古今何等文人，其下笔造句，总以"珠圆玉润"四个字为主；无论古今何等书法家，其落笔结体，也都以"珠圆玉润"为主。所以以前的信中我对你说，专门用一个"重"字以补足你的短处，用一个"圆"字希望你有所成就。

世人评价文学家的语言，说圆润而辞藻华丽，都比不上徐（陵）、庾（信），却不知道江（淹）、鲍（照）更圆润；再者沈（约）、任（昉）也圆润；再者潘（岳）、陆（机）也圆润；又进而上溯到东汉的班（固）、张（衡）、崔（骃）、蔡（邕）也圆润；又再追溯到西汉的贾（谊）、晁（错）、匡（衡）、刘（向）也圆润。至于司马迁、相如、子云三人，可以说是奇崛深奥，不求圆润，然而仔细品读，也不是不圆润。至于韩昌黎，其立志要超过司马迁、司马相如、扬雄三人，文章别出心裁，匠心独具，尽量避免圆润。然而读久了就发现，其实无一字不圆润，无一句不圆润。

你在学习古人文章的时候，如果能够从鲍照、江淹、徐陵、庾信四人的圆润学起，步步上溯，一直学到司马相如、扬雄、司马迁、韩愈四人的圆润，那么就没有读

学家、书法家 则亦圆；又进而溯之东汉之班（固）、张（衡）字平子。东汉天文学家、文学家、崔（骃）字亭伯。东汉文学家、蔡（邕）字伯喈。东汉文学家、书法家 则亦圆；又进而溯之西汉之贾（谊）世称贾生。西汉文学家、政治家、晁（错）西汉文学家、政治家、匡（衡）字稚圭。西汉文学家、刘（向）原名更生，字子政。西汉经学家、文学家 则亦圆。至于司马迁、相如、子云三人，可谓力趋险奥 奇特深奥，不求圆适矣。而细读之，亦未始不圆。至于昌黎，其志意直欲凌驾子长、卿、子云三人，戛戛 jiá jiá 形容独创独造 别出心裁，独创，力避圆熟矣。而久读之，实无一字不圆，无一句不圆。

尔于古人之文，若能从鲍、江、徐、庾四人之圆步步上溯，直窥卿、云、马、韩四人之圆，则无

不可读之古文矣，即无不可通之经史矣。尔其勉之！余于古人之文用功甚深，惜未能一一达之腕下，每歉然不怡（yí。和悦，愉快）耳。

江浙贼势大乱，江西不久亦当震动，两湖亦难安枕，余寸心坦坦荡荡，豪无疑怖（疑惧，惶恐）。尔禀告尔母，尽可放心。人谁不死，只求临终心无愧悔耳。家中暂不必添起杂屋，总以安静不动为妙。

咸丰十年四月二十四日

不懂的古文了，也就没有读不通的经史了。这一点你要努力学习！我对于古人的文章研究用功很深，只可惜未能一一体现在自己的文章中，经常感到很不快。

江浙地区形势大乱，江西不久也会受到影响，湖南湖北也难高枕无忧，我心中坦坦荡荡，毫无疑虑和害怕。你禀告母亲，尽可放心。人都有一死，只求临终前问心无愧罢了。家中暂不必添盖杂屋，总的说来以安静不动为好。

评析

经常剖析自身的缺点和遗憾来勉励儿子，昭示自身的追求和理想来砥砺儿子，这是曾氏家书的一大特色。曾国藩论及文章的"珠圆玉润"时，颇见功力，确实"于古人之文用功甚深"。信中，他对儿子深入浅出地讲解了作文章"圆"的意境，其实也是在用心良苦地对儿子阐述做人"圆"的道理，强调做人的圆融、圆润、圆适，这也是曾氏门风的过人之处。

字谕纪泽、纪鸿儿：

泽儿在安庆所发各信及在黄石矶、湖口之信，均已接到，鸿儿所呈拟连珠体寿文，初七日收到。

余以初九日出营至黟县查阅各岭，十四日归营，一切平安。鲍超 _{字春霆。湘军将领}、张凯章 _{张运兰。字凯章。湘军将领} 二军，自二十九日、初四获胜后，未再开仗。杨军门带水陆三千余人至南陵，破贼四十余垒，拔出陈大富一军。此近日最可喜之事。

英夷业已就抚，余九月六日请带兵北援一疏，奉旨无庸前往。余得一意办东南之事，家中尽可放心！

信告纪泽、纪鸿儿知悉：

泽儿在安庆所发每封信以及在黄石矶、湖口的信，均已收到，鸿儿呈上所拟定的连珠体寿文，初七日收到。

我初九出营到黟县勘察山岭地形，十四日归营，一切平安。鲍超、张凯章两支部队自二十九日、初四获胜后，没再开战。杨军门带水陆三千余人到南陵，攻破四十余座敌军营垒，救出陈大富的军队。这是近来最可喜的一件事。

英国鬼子已经接受安抚，我九月六日请求带兵北援的奏疏，现在奉旨不必前往了。我将一心操办东南的事务，家中完全可以放心！

泽儿读书天分高但文笔不是很苍劲挺拔，又说话太随便，举止太轻浮，此次在祁门的日子不多，没有把"轻浮"的缺点彻底改掉。以后要在说话走路时时刻留心。

鸿儿的文笔刚健，可慰可喜！此次写的连珠文，先生改了多少个字？拟定这种文体是谁的主意？再写信把详情禀告给我。

银钱、田产最容易增长骄奢安逸习气，我家中千万不可囤积钱财，千万不可购置田产，你们兄弟努力读书，决不怕没饭吃。至嘱！

澄叔那里此次没写信给他，你们禀告一声。

听说邓世兄读书很有长进。

泽儿看书天分高而文笔不甚劲挺，又说话太易，举止太轻，此次在祁门为日过浅，未将一"轻"字之弊除尽。以后须于说话走路时刻刻留心。

鸿儿文笔劲健，可慰可喜！此次连珠文，先生改者若干字？拟体系何人主意？再行详禀告我。

银钱、田产，最易长骄气逸气，我家中断不可积钱，断不可买田，尔兄弟努力读书，决不怕没饭吃。至嘱！

澄叔处此次未写信，尔禀告之。

闻邓世兄读书甚有长进。

顷_qǐng。不久_阅贺寿之单帖寿禀，书法清润。兹付银十两，为邓世兄（汪汇）买书之资。此次未写信寄寅阶先生，前有信留明年教书，仍收到矣。

咸丰十年十月十六日

刚才看到贺寿的单帖寿禀，书法清润。现送他十两银子，作为邓世兄（汪汇）买书的钱。此次没写信给寅阶先生，前面有信留他明年继续教书，应该收到了。

当身处高位时如何教育子女树立正确的金钱观、人生观？曾氏在信中给出了他的答案——"银钱、田产，最易长骄气逸气"，家中"断不可积钱，断不可买田"。那么什么才是安身立命之道呢？他说"努力读书，决不怕没饭吃"。正所谓"富贵于我如浮云"，耻于追逐物质财富，而相信知识可以改变命运，相信精神的力量，这是曾氏为代表的中国古代士人所普遍遵循的价值准则。

信告纪泽、纪鸿儿知悉：

十月二十九日，接到你母亲和澄叔的信，另外还有棉鞋、瓜子两包，得知家中各宅平安。

泽儿在汉口被风困阻六天，此时应当已经到家了。举止要稳重，出言要谨慎，你们终身要牢记这两句话，不能有一刻疏忽！

我这几日平安，鲍春霆、张凯章二军也平安。左军二十二日在贵溪获胜一次，二十九日在德兴小胜一次，然而敌军数量太多，还是让人担忧。普军在建德，敌军大举扑向他们，只要左、普二军抵抗得住，那么各处局面都稳定了。

泽儿的写字天分很高，但缺

字谕纪泽、纪鸿儿：

十月二十九日，接尔母及澄叔信，又棉鞋、瓜子二包，得知家中各宅平安。

泽儿在汉口阻风六日，此时当已抵家。举止要重，发言要讱（rèn。说话谨慎缓慢），尔终身须牢记此二语，无一刻可忽也！

余日内平安，鲍、张二军亦平安。左军二十二日在贵溪获胜一次，二十九日在德兴小胜一次，然贼数甚众，尚属可虑。普军在建德，贼以大股往扑，只要左、普二军站得住，则处处皆稳矣。

泽儿字，天分甚高，但少

刚劲之气，须用一番苦工夫，切莫把天分自弃了！家中大小，总以起早为第一义。

澄叔处此次未写信，尔等禀之。

咸丰十年十一月初四日

少刚劲的气势，必须下一番苦功夫，切莫辜负了自己的天分！家中大大小小，都要以早起为第一要义。

澄叔这次没有写信，你们禀告他。

曾氏似乎对"早起"一事极为看重，几乎每封信都会叮嘱一番，把这作为家风的基础来抓。曾氏倡导因材施教、因势利导。知道儿子书法有天分，就鼓励他勤加练习，下一番苦功夫，不要浪费了自己的天分；看到儿子举止较为轻浮，就叮嘱他"举止要重，发言要讱"，字字情真意切，发人深思。

信告纪泽知悉:

　　曾名琮来,收到你十一月二十五日的信,得知十五、十七写的两封信还没到。

　　你的身体很弱,咳嗽都有痰,我很是担心!然而不宜服用药物。药能救活人,也能害死人。良医救活的人十分之七,害死的人十分之三;庸医则害死的人十分之七,救活的人十分之三。我不论是在家乡还是在外地,所看到的都是庸医。我很怕他们害人,所以近三年来绝对不服用医生所开的药方,也不让你们服用乡医所开的药方。这道理我看得极为明白,所以说得也很恳切,你们必须听我的话,照着去做。

　　每天饭后走上几千步,是养

字谕纪泽:

　　曾名琮来,收尔十一月二十五日禀,知十五、十七尚有两禀未到。

　　尔体甚弱,咳吐咸痰,吾尤以为虑!然总不宜服药。药能活人,亦能害人。良医则活人者十之七,害人者十之三;庸医则害人者十之七,活人者十之三。余在乡在外,凡目所见者,皆庸医也!余深恐其害人,故近三年来,决计不服医生所开之方药,亦不令尔服乡医所开之方药。见理极明,故言之极切,尔其敬听而遵行之。

　　每日饭后走数千步,是养

生家第一秘诀。尔每餐食毕，可至唐家铺一行，或至澄叔家一行，归来大约可三千余步。三个月后，必有大效矣。

尔看完《后汉书》，须将《通鉴》看一遍。即将京中带回之《通鉴》，仿照余法，用笔点过可也。

尔走路近略重否？说话略钝否？千万留心！此谕。

咸丰十年十二月二十四日

生的第一秘诀。你每次吃完饭，可以到唐家铺走一趟或者到澄叔家走一趟，来回大约有三千余步。三个月后，肯定效果明显。

你看完《后汉书》，须把《通鉴》看一遍。就把从京城中带回的《通鉴》，仿照我的办法，可用笔圈点研读一遍。

你最近走路是不是稳重些了？说话是不是慎重些了？千万留心！此谕。

评

析

"无情未必真豪杰，怜子如何不丈夫。"曾氏在沙场上有"曾剃头"的恶名，但对待儿子却展现出温情的一面。悉心关照儿子的身体健康，叮嘱他不要信庸医乱吃药，要用饭后散步的方式来养生，尤其是最后一句殷殷关切"走路近略重否？说话略钝否？"让人十分动容。

信告纪泽知悉：

腊月二十九日接到你的一封信，是十一月十四日送家信的人带回来的。又由沅甫叔那里送来你刚回到家时的两封信，知悉一切，甚为欣慰。

霞仙先生的弟弟去世了，我会在这几天写好吊唁信，并寄去祭奠礼钱。你应当先去吊唁。

你问使文章雄奇不凡的道理。雄奇以行文气势为上，组织造句次之，选择词语又次之。然而从来没有词语不古雅而句子能古雅的，句子不古雅而气势能古雅的；也没有词语不雄奇而句子能雄奇，句子不雄奇而气势能雄奇的。这文章的雄奇，精处在于文章气势，粗处在遣词造句。

字谕纪泽：

腊月二十九日接尔一禀，系十一月十四日送家信之人带回，又由沅叔处送到尔初归时二信，慰悉！

霞仙先生之令弟仙逝，余于近日当写唁信，并寄奠仪^{祭奠的礼金和礼品}。尔当先去吊唁。

尔问文中雄奇之道。雄奇以行气^{文章气势}为上，造句次之，选字又次之。然未有字不古雅而句能古雅，句不古雅而气能古雅者；亦未有字不雄奇而句能雄奇，句不雄奇而气能雄奇者。是文章之雄奇，其精处在行气，其粗处全在造句选字也。

余好古人雄奇之文，以昌黎为第一，扬子云次之。二公之行气，本之天授。至于人事之精能，昌黎则造句之工夫居多，子云则选字之工夫居多。

尔问叙事志传之文难于行气，是殊_{很，极}不然。如昌黎《曹成王碑》《韩许公碑》固属千奇万变，不可方物_{名状}，即卢夫人之铭，女挐_{ná。或作挐 rú}之志，寥寥短篇，亦复雄奇崛强_{同"倔强"，指文章瑰玮刚劲，风骨卓绝。强 jiàng}。尔试将此四篇熟看，则知二大二小，各极其妙矣。

尔所作《雪赋》，词意颇古雅，惟气势不畅，对仗不工。两汉不尚对仗，潘、陆则对矣，

我喜欢的古人雄奇之文，认为韩愈为第一，扬子云第二。这二位的行文气势，完全出自天然。至于个人写作技巧的精妙，昌黎造句的工夫多，子云选词的工夫多。

你问叙事、记传的文章难于体现气势，这很不对。如昌黎《曹成王碑》《韩许公碑》固然属于千奇万变的风格，难以形容，即便是给卢夫人写的铭、给女挐写的碑志这样寥寥数语的短篇，仍有雄奇刚劲的气势。你尝试将此四篇熟读，就会知道两篇长文两篇短文都将其精妙表现得淋漓尽致。

你所作的《雪赋》，词意很古雅，只是气势不通畅，对仗不工整。两汉时不崇尚对仗，潘岳、

陆机就开始讲求对仗，江淹、鲍照、庾信、徐陵更擅长对仗了。你应当从对仗上下功夫。此嘱！

江、鲍、庾、徐则工对矣。尔宜从对仗上用工夫。此嘱！

咸丰十一年正月初四日

评析

关于如何写出"雄奇"的文章，曾氏认为，精处在行气，粗处在造句选词。他教育儿子要向历史上的古文名家学习，即便写叙事志传的文章也要展现出雄奇刚劲的气势。实际上，曾氏讲的文章之气，也蕴含了孟子讲的"浩然之气"。中国古代文人认为，作文、做人都须气宇轩昂，元气淋漓，正气浩然。

字谕纪泽：

尔求钞古文目录，下次即行寄归。尔写字笔力太弱，以后即常摹柳^{柳公权}贴亦好。家中有柳书《玄秘塔》《琅琊碑》《西平碑》各种，尔可取《琅琊碑》日临百字、摹百字。临以求其神气，摹以仿其间架。每次家信内各附数纸送阅。

《左传注疏》阅毕，即阅看《通鉴》。将京中带回之《通鉴》仿我手校本，将目录写于面上。其去秋在营带去之手校本，便中^{方便时}仍当寄送祁门，余常思翻阅也。

尔言鸿儿为邓师^{纪鸿的塾师邓寅皆}所赏^{夸赞}，余甚欣慰！鸿儿现阅《通鉴》，尔亦可时时教之。

写信告纪泽知悉：

你要求我抄列古文目录，下次就寄回去。你写字笔力太弱，今后要常常临摹柳公权的字帖才好。家里有柳公权写的《玄秘塔》《琅琊碑》《西平碑》各种，你可以用《琅琊碑》每日临帖一百字、摹写一百字。临帖是为了学它的神韵，摹写是为了模仿它的间架结构。每次家信里面各附上几张让我看一看。

《左传注疏》看完了就阅读《通鉴》。把京城带回去的《通鉴》仿照我亲手校勘的本子，将目录写在封面上。去年秋天在军营中带去的手校本，有空时还是应寄到祁门来，我常常想翻阅。

你说鸿儿被邓老师夸赞，我很高兴。鸿儿现在正读《通鉴》，你也可以时常指点他。

你看书天分很高，写字天分也高，作诗写文章天分稍差些。如果在十五六岁的时候有好的教导方法，也许不止是现在这样。你今年已二十三岁，全靠自己发愤努力，父兄师父都帮不上忙。作诗文是你的短处，就应从短处痛下功夫；看书写字是你所擅长的，就应当再发扬光大。走路应该稳重，说话应当缓慢，时常记在心上没有？

我身体平安，让你母亲放心。

尔看书天分甚高，作字天分甚高，作诗文天分略低。若在十五六岁时教导得法，亦当不止于此。今年已二十三岁，全靠尔自己扎挣发愤，父兄师长不能为力。作诗文是尔之所短，即宜从短处痛下工夫；看书写字，尔之所长，即宜拓而充之发扬光大。走路宜重，说话宜迟，常常记忆否？

余身体平安，告尔母放心。

咸丰十一年正月十四日

评析

此封信中，曾氏再次强调了练习书法临摹的重要性。对于儿子作诗文的短处，他一针见血地指出来，并勉励儿子勤加练习，发奋努力。末了，再次提醒儿子走路和说话的注意事项，这种持续性的叮嘱，在儿子的成长过程中起到了重要的引导作用。

字谕纪泽：

正月十四发第二号家信，亮_{料想}已收到。

日内祁门尚属平安，鲍春霆自初九日在洋塘获胜后，即追贼至彭泽。官军驻牯牛岭，贼匪据下隅坡，与之相持尚未开仗。日内雨雪泥泞，寒风凛冽，气象_{天气状况}殊不适人意。伪忠王李秀成_{太平天国将领之一}一股，正月初五日围玉山县，初八日围广丰县，初十日围广信府，均经官军竭力坚守，解围以去，现窜铅山之吴坊、陈坊等处。或由金溪以窜抚、建，或径由东乡以扑江西省城，皆意中之事。余嘱

写信告纪泽知悉：

正月十四寄的第二号家信想来已收到了。

最近几天，祁门还算平安，鲍春霆自初九日在洋塘获胜后，就追击贼寇到彭泽。官军驻扎在牯牛岭，贼匪盘踞在下隅坡，与之相持还没有开战。最近雨雪交加，道路泥泞，寒风凛冽，天气条件非常不如人意。伪忠王李秀成一股，正月初五围攻玉山县，初八围攻广丰县，初十围攻广信府，都经官军竭力坚守，解除围困，将其打跑，现流窜到了铅山的吴坊、陈坊等地。也有可能经由金溪流窜到抚州、建昌，或径直由东乡扑向江西省城，这都是意料之中的事。我叮嘱刘养素等

坚守抚州、建昌，而省城也必须预先筹备防守事宜。只要李秀成这股敌人不骚扰江西中部，黄文金这股敌人不再进犯景德镇等地区，三四月间，收复安庆，江北就可以分兵来协助南岸，那大局必定有转机了。当前春季肯定还有一些危险连续出现，我当谨慎谋划，泰然处之。

我身体平安，只是有时候会牙疼。所选的古文，已抄目录寄回去。其中没有注明名字和姓氏的，你可以查出来补注上去，大约不出《百三名家全集》及《文选》《古文辞类纂》三书之外。

你问到《左传》解《诗》《书》《易》与当今的解释有很多地方不一样。古人解经，有内传，有

刘养素 刘于浔。字养素。湘军水师统领 等坚守抚、建，而省城亦预筹防守事宜。只要李逆 指太平军黄文金 一股不甚扰江西腹地，黄逆 指太平军黄文金 一股不再犯景德镇等，三、四月间，安庆克复，江北可分兵来助南岸，则大局必有转机矣。目下春季必尚有危险迭见，余当谨慎图之，泰然处之。

余身体平安，惟齿痛时发。所选古文，已钞目录寄归。其中有未注明名氏者，尔可查出补注，大约不出《百三名家全集》 即《汉魏六朝百三名家集》。中国古代诗歌总集。明朝张溥编 及《文选》《古文辞类纂》三书之外。

尔问《左传》解《诗》《书》《易》与今解不合。古人解经

有内传，有外传。内传者，本义也；外传者，旁推曲衍引申，以尽其余义引申义也。孔子系解《易》，《小象》相传为孔子解释《周易》六十四卦各爻爻辞的文字则本义为多，《大象》相传为孔子解释《周易》六十四卦全卦卦象的文字则余义为多。孟子说《诗》，亦本子贡端木赐。字子贡。孔子弟子之因贫富而悟切磋，子夏卜商。字子夏。孔子弟子之因素绚朴素和绚丽而悟礼后，亦证余义处为多。《韩诗外传》西汉韩婴撰尽余义也。《左传》说经，亦以余义立言者多。

袁奥生之二百金，余去年曾借松江二百金送李仙九先生，此项只算还袁宅可也。树堂先生送尔三百金，余当面言只受百金。尔写信寄营酬谢，言受

外传。内传是解释其本义；外传从另外的角度曲折推衍，发挥本义之外的含义。孔子编撰《易经》，《小象》解释本义为多，《大象》则发挥言外之意为多；孟子解说《诗经》，也是根据子贡因为孔子谈论贫穷的态度感悟到"如切如磋，如琢如磨"的含义，子夏因为听了孔子对"素以为绚"的解释而联想到礼乐产生在仁义之后，也是发挥言外之意的地方居多。《韩诗外传》都是发挥言外之意。《左传》说经，也是以言外之意立论的地方较多。

袁奥生的二百两银子，我去年曾借松江二百两银子送李仙九先生，这笔款项就算作是还给袁家的。冯树堂先生送你三百两银子，我当面说只收一百两银子，你写信寄来军营酬谢，说"接受

一百两，敬还二百两”之类的话。我在军营中准备好了二百两，和你的信一起交给冯树堂就行了。

这封信也交给澄侯叔叔看一下，这次就不另外给他写信了。

一**璧**（璧还的省称。退回）二云云，余在营中备二百金，并尔信函交冯可也。

此字并送澄叔一阅，此次不另作书矣。

咸丰十一年正月二十四日

评析

尽管军情紧急，但曾国藩还是在每封信中耐心回复和指导儿子学业中遇到的困惑和难题，并寄语儿子"谨慎图之，泰然处之"，颇有"乱云飞渡仍从容"之风。此信谈及解经的古今异同，深入浅出，娓娓道来，体现出曾氏极深的朴学功底。

字谕纪泽、纪鸿儿：

得正月二十四日信，知家中平安。

此间军事，自去冬十一月至今，危险异常，幸皆化险为夷。目下惟左_{左宗棠}军在景德镇一带十分可危，余俱平安。余将以十七日移驻东流、建德。

付回银八两，为我买好茶叶陆续寄来。

下手^{习惯上称右边的位置}竹茂盛，屋后山内仍须栽竹，复吾父在日之旧观。余七年在家芟^{shān。割草。引申为除去}伐各竹，以倒厅^{与正房朝向相反、正房后面的倒座厅房}不光明也。乃芟后而黑暗如故，至今悔之，故嘱尔重栽之。

书告纪泽、纪鸿儿知悉：

收到正月二十四日来信，知道了家中平安。

这里的军情，自去年冬天十一月至今，危险异常，所幸都化险为夷。目前，只有左宗棠军在景德镇一带十分危急，其余都平安。我将在十七日转移到东流县、建德县驻扎。

给你寄回去银八两，为我买好茶叶陆续寄来。

屋前右边竹林茂盛，屋后山里仍须栽种竹子，恢复我父亲在世时的景观。我咸丰七年在家砍伐竹子，以为是竹子遮挡了后厅堂的采光。结果砍了之后厅堂仍然黑暗如故，至今为此非常懊悔，所以嘱咐你重新栽种竹子。

"劳"字、"谦"字,常记得否?

咸丰十一年二月十四日

苏东坡说"宁可食无肉,不可使居无竹。无肉令人瘦,无竹令人俗"。竹子,在中国传统文化语境中不只是一种普通的植物,它象征着文人谦虚正直、坚忍不拔的品格和节操。信中曾氏对自己曾经因为想要后厅堂明亮而砍伐竹子的事情懊悔不已,希望儿子重新栽种,恢复往日竹林茂盛的景观,其实也是其文化心理的一种自我关照。

116
○
117

字谕纪泽、纪鸿儿：

接二月二十三日信，知家中五宅平安，甚慰！甚慰！

余以初三日至休宁县，即闻景德镇失守之信。初四日写家书，托九叔处寄湘。即言此间局势危急，恐难支持，然独意力攻徽州，或可得手，即是一条生路。初五日进攻，强中、湘前等营在西门挫败一次，十二日再行进攻，未能诱贼出仗。是夜二更，贼匪偷营劫村，强中、湘前等营大溃。凡去二十二营，其挫败者八营（强中三营，老湘三营，湘前一、震字一），其幸而完全无恙者

写信告纪泽、纪鸿儿知悉：

接到了二月二十三日寄来的信，得知家中五宅平安，十分欣慰。

我初三到达休宁县，就听说了景德镇失守的消息。初四我写了一封家信，并委托九叔寄回湖南。信中说这里军情危急，恐怕难以支撑太久，但依然主张力攻徽州，或许可以得手，就可以开辟一条生路。初五那天进攻，强中、湘前等营在西门因出师不顺，遭遇到一次挫败。十二日再次进攻，却没能引诱敌军出城交战。当天晚上二更天时候，敌军偷袭我军营地，强中、湘前等营溃败，一共去了二十二个营，其中遭挫败的有八个营（强中三营，老湘三营，湘前一营，震字一营），其中有幸完好无损的有十四个营（老湘

六营，霆三营，礼二营，亲兵一营，峰二营），这次的战况与咸丰四年十二月十二日夜敌人偷袭湖口水营的情状非常相似。这次没有受挫的部队较多，从一般的军事情形而言，这次还算是一次小败，还不至于伤了元气。目前的战局，正是万分危急的时刻，四面交通被阻，后援供应也已经被切断，不幸又遭到这次失败，军心大为动摇。我所盼望的是，左宗棠军能够尽快击败景德镇、乐平之敌，鲍春霆军能从湖口迅速赶来救援，如此，战况可能还略有转机，否则后果不堪设想。

我自从军以来，就胸怀临危舍生的志向。丁、戊年在家患病的日子里，我经常担心自己会就这样死在家里，违背当初立下的志向，失信于世人。等到病痊愈

十四营（老湘六，霆三、礼二，亲兵一、峰二），与咸丰四年十二月十二夜贼偷湖口水营情形相仿。此次未挫之营较多，以寻常兵事言之，此尚为小挫，不甚伤元气。目下值局势万紧之际，四面梗 *gěng。阻塞，妨碍* 塞，接济已断，如此一挫，军心尤大震动。所盼望者，左军能破景德镇、乐平之贼，鲍军能从湖口迅速来援，事或略有转机，否则不堪设想矣！

余自从军以来，即怀见危授命之志。丁、戊年在家抱病，常恐溘 *kè。忽然，突然* 逝牖 *yǒu。窗户* 下，渝 *改变，违背* 我初志，失信于世。起复

再出，意尤坚定。此次若遂不测，毫无牵恋。自念贫窭{jù。贫乏}无知，官至一品，寿逾五十，薄有浮名，兼秉{bīng。掌握，主持}兵权，忝窃{谦语，愧居其位或愧得其名。忝 tiǎn}万分，夫复何憾！惟古文与诗二者，用力颇深，探索颇苦，而未能介然{专一}用之，独辟{开辟}康庄{康庄大道}。古文尤确有依据，若遽{jù。急，仓促}先朝露{清晨的露水。喻存在的时间短促，}，则寸心所得，遂成广陵之散{《广陵散》。又名《广陵止息》。中国古代汉族的一首琴曲。三国时期的嵇康以善弹此曲著称。嵇康死后，《广陵散》失传。}

作字用功最浅，而近年亦略有入处{功夫深入了一点}。三者一无所成，不无耿耿{心中挂怀}。

至行军本非余所长。兵贵奇而余太平{性格太平易}，兵贵诈而

后再次为官，更加坚定了我的意志。如果这次遭遇不测，我也没有什么可牵挂留恋的。我自认为一生贫穷无知，但竟然能够官至一品，现在已经活了五十多个年头，有了些许虚名，手中又掌握着兵权，觉得万分惭愧，也没有什么遗憾的了！只有在古文和诗这两方面，我下了很大的功夫，苦苦探索，然而却没有专心致志运用好，另外开辟一条写作的道路。特别是在古文方面，我的确有自己独特的心得，如果突然死了，恐怕我的这些心得就会像《广陵散》那样成为绝唱了。我在书法上用功最少，但近年来也略有所悟。这三方面都没有什么成就，我心中一直不安。

至于行军打仗本来就不是我的专长。兵贵为奇而我性格太平

稳，兵贵狡诈而我为人太直率，又怎能讨伐消灭那些声势浩大的贼寇呢？就以前也有过多次胜利，不过也是侥幸而已，那已经出乎我的意料了！你们长大后，千万不可以从军。从军不但难以建功立业，而且很容易造成罪孽，更容易给后世留下非议的话柄。我身在军中已久，每天如坐针毡。还好没有辜负自己的初心、没有辜负自己的平生所学的是：自己还不曾有一时一刻忘记爱民的心意。近来阅历逐渐增多，深知带兵打仗的苦处。你们应当一心一意读书，不可以从军，也不要做官。

我教育子弟离不开"八本""三致祥"。"八本"是：读古书要以通晓文字为本；作诗文要以声调为本；养亲要以得欢心为本；养

余太直，岂能办此滔天之贼？即前此屡有克捷，已为侥幸，出于非望（意外）矣！尔等长大之后，切不可涉历兵间，此事难于见功，易于造孽，尤易于诒（yí。遗留，留传）万世口实（话柄）。余久处行（háng。行伍。古代军制，五人为伍，二十五人为行，因以"行伍"代指军队）间，日日如坐针毡。所差不负吾心，不负所学者，未尝须臾忘爱民之意耳。近来阅历愈多，深谙（ān。熟悉，了解）督师之苦。尔曹（汝辈）惟当一意读书，不可从军，亦不必作官。

吾教子弟，不离"八本""三致祥"。八者，曰：读古书以训诂为本；作诗文以声调为本；养亲以得欢心为本；养生以少

恼怒为本；立身以不妄语_{无根据地任意乱说}为本；治家以不晏_{yàn。晚,迟}起为本；居官以不要钱为本；行军以不扰民为本。三者，曰：孝致祥，勤致祥，恕致祥。吾父竹亭公之教人，则专重孝字。其少壮敬亲，暮年爱亲，出于至诚，故吾纂墓志，仅叙一事。吾祖星冈公之教人，则有"八字""三不信"。八者，曰：考、宝、早、扫、书、蔬、鱼、猪。三者，曰僧巫，曰地仙_{风水师}，曰医药，皆不信也。

处兹乱世，银钱愈少，则愈可免祸；用度愈省，则愈可养福。尔兄弟奉母，除"劳"字"俭"字之外，别无安身之法。

生要以少恼怒为本；立身要以不妄语为本；治家要以不晚起为本；居官要以不要钱为本；行军要以不扰民为本。"三致祥"是：孝致祥，勤致祥，恕致祥。我父亲竹亭公教育人，只侧重于孝字。他年轻时尊敬双亲，老年时敬爱双亲，都是出于至诚的孝心，因此我给他撰写墓志时，只是叙述了这一件事。我祖父星冈公教育人，则是"八字""三不信"。八个字是：考、宝、早、扫、书、蔬、鱼、猪；三不信是：不信僧人巫术、不信阴阳风水、不信江湖医药。

身处乱世时，钱越少就越利于免于灾祸；花费越省，越利于修身养福。你们兄弟侍奉母亲，除了"劳""俭"二字外没有其他安身立命的方法。我在军事危

急的情况下，总是把这两个字叮嘱一遍，除此之外就没有其他的遗训了。你们可以把这些禀告叔叔和你们的母亲，千万不要忘记。

吾当军事极危，辄将此二字叮嘱一遍，此外亦别无遗训之语。尔可禀告诸叔及尔母无忘。

咸丰十一年三月十三日

评析

写这封信时，正逢"四面梗塞""接济已断"的万分危急之时，曾国藩完全是抱着写遗书的心情对儿子做最后的叮嘱和交代，可谓是曾国藩家书中最重要的篇章之一。信中，曾氏结合自身宦海沉浮、沙场征战的经历，忠告家族后代千万不要当官、从军，应当一心一意读书。生死关头，曾氏念念不忘的仍然是自己对于古文的热爱，感慨自己没有专心在这条路上走下去，担心自己在古文方面的"寸心所得"会像嵇康的《广陵散》那样成为绝唱。从"劳""俭"二字，到"八本""三致祥"，曾氏苦口婆心地把家族规训一一重申，提醒家人千万不要忘记这些修身齐家的金玉良言。即便从今天的视角来看，孝亲、勤劳、宽容、简朴这些治家理念仍然是中国家庭教育中的核心价值。

字谕纪泽：

三月三十日建德途次（旅途中住宿的地方）接澄侯弟在永丰所发一信，并尔将去省时在家所留之禀。尔到省后所寄一禀，却于二十八日先到也。

余于二十六日自祁门拔营起行，初一日至东流县。鲍军七千余人，于二十五日自景德镇起行，三十日至下隅坡，因风雨阻滞，初三日始渡江。即日进援安庆，大约初八九可到。沅弟、季弟在安庆稳守十余日，极为平安。朱云岩（朱品隆。字云岩，一字云崖。湘军总兵）带五百人，二十四日自祁门起行，初二日已至安庆助守营

信告纪泽知悉：

三月三十日在去建德的途中接到你澄侯叔叔在永丰发来的信以及你将去省城之前在家所寄出的信。你到省城后所寄的一封信，却于二十八日先到了。

我于二十六日自祁门率领部队出发，四月初一到达东流县。鲍春霆军七千余人于二十五日自景德镇开拔，三十日到下隅坡，因风雨阻滞，初三才渡江。今天开始进军救援安庆，大约初八初九可以到达。你阮甫叔叔和季洪叔叔在安庆安稳守了十几天，非常平安。朱云岩带五百人，二十四日自祁门出发，初二日已到安庆

帮助守卫，家中尽可放心。

　　这一次贼寇为了营救安庆，制造的声势远在千里以外，如在湖北攻破黄州、德安、孝感、随州、云梦、黄梅、蕲州等城池，在江西则攻破吉安、瑞州、吉水、新淦、永丰等城池。都是为了分散我军兵力，想通过不停进攻尽快拖垮我军，用尽办法来迷惑我军。贼军的善于用兵比起前几年更加狡诈和凶悍。但我只求力破安庆这一关，其他各地不急于与他们争一时的得失。扭转战局的时机就在这一两个月可以决定了。

　　乡下那些早起的人家，田地里蔬菜茂盛，诸事都兴旺；那些起得很晚的人家，田地里没有蔬菜，诸事也衰弱。你可在省城菜园中出高价雇人到家里种菜，或

濠 háo。同"壕"，家中尽可放心。

　　此次贼救安庆，取势 造势 乃在千里以外，如湖北则破黄州，破德安，破孝感，破随州、云梦、黄梅、蕲州等属，江西则破吉安，破瑞州、吉水、新淦、永丰等属。皆所以分兵力，亟 jí。急切 肆 sì。纵兵冲击 以疲我，多方以误 迷惑 我。贼之善于用兵，似较昔年更狡更悍。吾但求力破安庆一关，此外皆不遽与之争得失。转旋之机，只一二月可决耳。

　　乡间早起之家，蔬菜茂盛之家，类多兴旺；晏起无蔬之家，类多衰弱。尔可于省城菜园中，用重价雇人至家种蔬，

或二人亦可，其价若干，余由营中寄回。此嘱！

咸丰十一年四月初四日，东流县

两个人也行，雇金多少我从军营中寄回去。此嘱！

评析

湘军能够取得与太平军决战的最终胜利，和曾国藩准确的战略判断有直接关系。他敏锐地识破了太平军希望通过声东击西"围魏救赵"来营救安庆的战略意图，下定决心不计得失、一心一意攻打通往南京的门户——安庆。实际上，安庆城陷之时战争的天平已经开始倾斜。在介绍完惊心动魄的战场局势后，曾氏再次话锋一转，教育儿子要每天早起，勤于农桑，甚至不惜高价雇人回家中种菜，体现了曾氏"一等人忠臣孝子，两件事读书耕田"的儒家价值观。

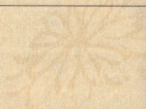

自奉必
須儉約

自奉必
須儉約

字谕纪泽：

六月二十日唐介科回营，接尔初三日禀并澄叔一函，具悉一切。

今年彗星出于北斗与紫微垣中国古代天文学家为了区分天文星象，将星空划分成三垣二十八宿。三垣即紫微垣、太微垣、天市垣。以北极星为标准集合周围其他各星，合为一区，叫紫微垣。垣yuán之间，渐渐南移，不数日而退出右辅紫微垣右侧的星区与摇光北斗七星之一。是处于斗柄末端的一颗星之外，并未贯紫微垣，亦未犯天市即天市垣。是三垣的下垣，位居紫微垣之下的东南方向也。占验之说，本不足信，即有不祥，或亦不大为害。

省雇园丁来家，宜废田一二丘，用为菜园。吾现在营课督促，教习勇夫种菜，每块土约三丈长，五尺宽。窄者四尺余宽。

写信告纪泽知悉：

六月二十日唐介科回到军营，接到你初三写的信以及你澄侯叔叔的一封信函，具悉一切。

今年彗星在北斗与紫微垣之间出现，渐渐南移，不几天退到了右辅与摇光之外，并未贯穿紫微垣，也没有侵犯天市垣。星象占卜的说法本不足信，即便有什么不祥，可能也危害不大。

从省城雇园丁来家种菜，应抽出一两块田改为菜园。我现在军营，教兵勇种菜，每块地约三丈长、五尺宽，窄的也有四尺余宽。务必要保证除草和摘菜的时候，人脚走在两边的沟内不至于踩踏了种菜的地方。沟宽一尺六寸，足以放置一个粪桶。大小横直，有沟有渠。下雨时水能引导流出去，不让水多淹坏了菜。四川菜园极大，沟渠一年到头引水长流，很有点古人井田遗法。我们家乡园地有限，不可能有横沟，但直沟则不可少。咱们乡里的老农虽然农艺不是非常精通，还算比较认真，但菜农却全不讲究了。我们家先开这个风气，将来荒山空地，都可以开垦出来种百谷杂菜之类，如果种茶叶也会有极大的利润。我们家乡以前没有人试过，咱家如果有山地，可以试种一下。

你之前问《说文解字》中

务使芸通"耘"，除草草及摘蔬之时，人足行两边沟内，不踏菜土之内。沟宽一尺六寸，足容便桶。大小横直，有沟有浍kuài。田间水沟。下雨则水有所归，不使积潦积水。潦lǎo，积聚的雨水伤菜。四川菜园极大，沟浍终岁引水长流，颇得古人井田遗法。吾乡一家园土有限，断无横沟，而直沟则不可少。吾乡老农虽不甚精，犹颇认真，老圃则全不讲究。我家开此风气，将来荒山旷土，尽可开垦种百谷杂蔬之类。如种茶亦获利极大，吾乡无人试行，吾家若有山地，可试种之。

尔前问《说文》中逸字脱字，

今将贵州郑子尹所著二卷寄尔一阅。渠表第三人称。代词所补一百六十五字，皆许许慎书本有之字，而后世脱失者也。其子知同，又附考三百字，则许书本无之字，而他书引《说文》有之，知同辨为不当有者也。尔将郑氏父子书细阅一遍，则知叔重许慎。字叔重原有之字，被传写逸脱者，实已不少。

纪渠侄近写篆字甚有笔力，可喜！可慰！兹圈出付回。尔须教之认熟篆文，并解明解释，阐明偏旁本意。渠侄、湘侄要大字横匾，余即日当写就付归。寿侄亦当付一匾也。家中有李少温李阳冰。字少温。唐朝文学家、书法家篆帖《三坟记》

的脱字，今将贵州郑子尹所著的两卷书寄给你读一读。他所补一百六十五字，都是许慎《说文解字》书中本来有但后世流传抄写时脱去的字。他儿子郑知同，又附上考证出来的三百个字，是许慎书上本来没有而其他书引征《说文解字》时却出现了的字，郑知同把他们辨别出来，认为是不应该出现的。你将郑氏父子的书仔细阅读一遍就会知道，许慎的著作在传抄过程中漏掉的字其实有很多。

侄子纪渠最近写的篆字很有笔力，实在令人高兴！现圈点出来寄回去。你要教导他认熟篆文，并阐明偏旁的本意。纪渠侄、纪湘侄要大字横匾，我今天就写好给他们。寿侄也应当给他一副牌匾。家中有李少温篆字帖《三坟记》《栖先茔记》，也可以找出来，呈给你澄叔看看。澄侯弟写篆字，间架太散，原因在于没有了字帖本来的意蕴。邓石如先生所写篆字《西铭》《弟子职》等作品，永州杨太守新刻了一套，你可以恳求郭意诚姻叔拓出来一两份，分给家中写篆之人，让他们有所摹仿。

家中有褚遂良写的《西安圣教》《同州圣教》，你可以找出来寄到军营中。《王圣教》也寄来看看。如没有装裱好的就不必寄了。《汉魏六朝百三家集》在京中买的有一份，江西买的有一份，想来应该都在家，也寄到军营中一部。

我的疮疾稍好了一点，但是

《栖先茔记》，亦可寻出，呈澄叔一阅。澄弟作篆字，间架太散，以无帖意故也。邓石如 ^{初名琰，字石如。清朝篆刻家、书法家。邓派篆刻创始人}先生所写篆字《西铭》《弟子职》之类，永州杨太守新刻一套，尔可求郭意诚姻叔 ^{郭昆焘。字意诚。其兄与曾国藩为儿女亲家，所以曾国藩的子侄辈称他为姻叔}拓一二分，俾 ^{bǐ。使得，使之}家中写篆者，有所摹仿。

家中有褚 ^{褚遂良}书《西安圣教》《同州圣教》，尔可寻出寄营。《王圣教》 ^{《集王圣教序》}亦寄来一阅。如无裱者，则不必寄也。《汉魏六朝百三家集》京中一分，江西一分，想俱在家，可寄一部来营。

余疮疾略好，而癣大作，

手不停爬，幸饮食如常。安庆军事甚好，大约可克复矣。

此次未写信与澄叔，尔将此呈阅，并问澄弟近好。

咸丰十一年六月二十四日

评
析

该封家信中，曾氏结合自己在军营中的种菜经验，饶有兴致地教导儿子尝试采用新式种田方法开荒种地，还力主家里栽种"经济作物"——茶叶，以期获得丰厚利润。说明曾国藩虽出身于耕读之家，虽官至封疆大吏，也仍然有一些小农经济的意识，这也是曾一直强调的勤俭持家的具体体现。

宴客切
勿流连

字谕纪泽：

　　尔前寄所临《书谱》一卷，余比_{近来}送徐柳臣先生处，请其批评。初七日接渠回信，兹寄尔一阅。十三日晤柳臣先生，渠盛称_赞尔草字可以入古，又送尔扇一柄，兹寄回。刘世兄送《西安圣教》，兹与手卷并寄回，查收。

　　尔前用油纸摹字，若常常为之，间架必大进。欧_{欧阳修}、虞_{虞世南}、颜_{颜真卿}、柳_{柳公权}四大家，是诗家之李_{李白}、杜_{杜甫}、韩_{韩愈}、苏_{苏轼}，天地之日星江河也。尔

写信告纪泽知悉：

　　你上次寄来临摹的《书谱》一卷，我最近已把它送徐柳臣先生那儿，请他批评指正。初七接到他的回信，现在寄给你看。十三日见了柳臣先生，他称赞你的草书可以与古人比美，还送你一柄扇子，现寄回。刘世兄送来《西安圣教》，现在与手卷一起寄回去，注意查收。

　　你以前用油纸临摹过字帖，如果常常这样做，间架结构必然会有很大长进。欧阳询、虞世南、颜真卿、柳公权四大家的书法好比诗家中的李白、杜甫、韩愈、苏轼，其地位好比是天地间的日、

星、江、河。你如果有志学习书法，就必须仔细研究这四家字体的入门方法。至嘱！

有志学书，须窥寻四人门径。至嘱！至嘱！

咸丰十一年七月十四日

评析

从字里行间可以看出，听到别人夸赞儿子，曾国藩的心情也是非常自豪的。他及时写信对儿子的进步提出表扬，并勉励他见贤思齐，继续努力，这种"赞美的教育"也是现代家庭教育中提倡的方法。

字谕纪泽：

　　前接来禀，知尔钞《说文》，阅《通鉴》均尚有恒，能耐久坐，至以为慰！

　　去年在营，余教以看、读、写、作四者，阙一不可。尔今阅《通鉴》，算"看"字工夫；钞《说文》，算"读"字工夫。尚能临帖否？或临《书谱》，或用油纸摹欧〔欧阳询〕、柳〔柳公权〕楷书，以药〔医治，矫正〕尔柔弱之体，此"写"字工夫，必不可少者也。尔去年曾将《文选》中零字碎锦，分类纂钞，以为属文之材料，今尚照常摘钞否？已卒业〔完成某项工作、事业。卒 zú，完成〕否？或分类钞《文选》之词藻，或分类钞《说文》之训

写信告纪泽知悉：

　　之前接到你的信，得知你正在抄写《说文解字》，阅读《资治通鉴》，都还能够有恒心、坐得住，我非常欣慰！

　　去年在军营中，我教导你看、读、写、作，四个方面缺一不可。你如今阅读《资治通鉴》，算是在"看"字上下功夫，抄《说文解字》，算是在"读"字上下功夫。你还能坚持临帖么？或者临《书谱》，或用油纸摹写欧阳询、柳公权的楷书，以此来矫正你字体柔弱的毛病，这是在"写"字上下功夫，是一定不可少的。你去年曾将《文选》中精彩的字句、段落分类编辑抄写，用作写文章的材料，如今还照常摘抄吗？已完工了吗？或者分类抄《文选》中的辞藻，或者分类抄《说文解字》

中的字词解释。你生平写文章太少，就以此代替在"作"字上下功夫，也是不可或缺的。你十多岁至二十岁已经虚度光阴了，现在就"看、读、写、作"四个字一天也不间断地下功夫，或许还可有所成就。你说话语速太快，举止太轻浮，近来努力践行"迟""重"二字来改正了吗？

我皮癣还未痊愈，每天早晚手不停地抓挠，所幸没有其他的疾病。皖南有左宗棠、张凯章，江西有鲍春霆，均可以放心。目前，只有安庆较为危险，然而过了二十二日的风波，就没什么忧虑的了。

诂。尔生平作文太少，即以此代"作"字工夫，亦不可少者也。尔十余岁至二十岁虚度光阴，及今将"看、读、写、作"四字逐日无间，尚可有成。尔语言太快，举止太轻，近能力行"迟""重"二字以改救否？

余癣疾未愈，每日夜手不停爬，幸无他病。皖南有左^{左宗棠。字季高，号湘上农人，谥文襄。清朝大臣、湘军将领、洋务派首领。官至东阁大学士、军机大臣}、张，江西有鲍，均可放心。目下惟安庆较险，然过廿二之风波，当无虑也。

咸丰十一年七月二十四日

评析

治学之道，恒心和耐心是最重要的品质。曾氏在信中一遍又一遍地叮嘱儿子要下得了苦功，耐得住寂寞，"看、读、写、作"四字功课一天也不能间断。曾氏几乎每封信中都会强调让儿子改正自己行为举止的缺点和毛病，这对于督促孩子的成长成才会形成一种持续的、正面的"压力"。

字谕纪泽：

八月二十日胡必达、谢荣凤到，接尔母子及澄叔三信，并《汉魏百三家》《圣教序》三帖，二十二日谭在荣到，又接尔及澄叔二信，具悉一切。

蔡迎五（湘军水师武官）竟死于京口江中，可异可悯！兹将其口粮三两补去外，以银二十两赈恤其家。朱运四先生之母仙逝，兹寄去奠仪银八两。蕙姑娘（曾国藩妹妹曾国蕙。湖南湘乡一带，称姑母为姑娘）之女一贞，于今冬发嫁，兹付去奁仪（送给嫁女儿的人家的贺礼。奁 lián，女子梳妆用的镜匣。）十两，家中可分别妥送。

大女儿择于十二月初三日发嫁，袁家已送期（旧俗，结婚前，男方把请星命家挑选好的吉日）

写信告纪泽知悉：

八月二十日胡必达、谢荣凤来到军营，接到你们母子和澄侯叔的三封信，还有《汉魏百三家》《圣教序》三本字帖。二十二日谭在荣来到后，又接到你和澄侯叔的两封信，事情都知道了。

蔡迎五竟然死于京口江中，出乎意外，实在可怜！现把他口粮三两补发以外，再抚恤他们家银钱二十两。朱运四先生的母亲去世了，现寄去祭奠银八两。蕙姑娘的女儿一贞，在今年冬天出嫁，现付上置办嫁妆的银子十两，家中可分别妥善送达。

大女儿定在十二月初三日发嫁，袁家择定的日子送来了吗？

我先前预定嫁费二百两，现在先寄一百回家，置办结婚用的衣物，剩余一百两下次再寄。她由自家到袁家的路费和六十侄女出嫁的礼金，均等到下次再寄吧。

居家之道，只有崇尚节俭才可以长久，处在乱世，更应当把禁戒奢侈当作第一件重要的事。衣服不宜多做，尤其不要大肆修饰，过于绚烂。你教导各位妹妹，听从父亲的训导，自有可以长久的道理。

牧云舅在书院的职位，我已经写信拜托寄云中丞。沅叔请假回长沙，当面再提一次，事情应当可以办成。

送交女家，礼金、礼品等也一并送去来否？余向[先前]定妆奁[女子梳妆用镜匣。借指嫁妆]之资二百金，兹先寄百金回家，制备衣物，余百金俟[sì。等待]下次再寄。其自家至袁家途费暨[jì。及，与]六十侄女出嫁奁仪，均俟下次再寄也。

居家之道，惟崇俭可以长久，处乱世尤以戒奢侈为要义。衣服不宜多制，尤不宜大镶[xiāng。镶嵌，镶配]大缘[tuàn。通"褖"，褖衣。有边缘装饰的衣服]，过于绚烂。尔教导诸妹，敬听父训，自有可久之理。

牧云舅氏[曾国藩妻弟欧阳牧云]书院一席[职位]，余已函托寄云中丞[毛鸿宾。字寅庵，又字翊云、寄云。时任湖南巡抚]。沅叔告假回长沙，当面再一提及，当无不成。

余身体平安。二十一日成服^{旧时丧礼大殓之后，亲属按照与死者关系的亲疏穿上不同的丧服，叫成服}哭临^{泛称人死后集众举哀或至灵前吊祭}，现在三日已毕。疮尚未好，每夜搔痒不止，幸不甚为害。满叔^{指曾国葆。字季洪，又字事恒。湘军将领。曾国藩最小胞弟。满叔，湖南方言，对最小叔叔的称呼}近患疟疾，二十二日全愈矣。

此次未写澄叔信，尔将此呈阅。

咸丰十一年八月二十四日

我身体平安。二十一日办丧吊祭，现在三天吊唁日期已满。疮还没好，每夜搔痒不停，所幸没有什么大的妨害。满叔最近生疟疾，二十二日痊愈了。

此次没有给澄叔写信，你把这封信呈送给他看。

李商隐诗云"历览前贤国与家，成由勤俭破由奢"。曾氏认为"居家之道，惟'崇俭'可以长久"，训导女儿出嫁衣服不可以做得过于华丽，一切以俭朴为好。在曾氏看来，勤俭看似小事，其实攸关个人和家族的命运，人无俭不立，家无俭不旺，这是家族生生不息的不二法门。

写信告纪泽知悉：

接到你八月十四日的信和你每天的功课作业一份、分类目录一张。每日功课单已批注，现寄还给你。目录分类，不是一句话可以说清楚的。

大体上有一种学问，就有一种分类的方法；有一个人的喜好，就有一个人的摘抄方法。如果从本原谈起，应当以《尔雅》的分类最古老。天上的星辰、地上的山川、鸟兽草木，都是古代圣贤根据其品种给予的命名。《尚书》说大禹负责给名山大川取名，《周礼》说黄帝对各种事物的名称做了订正，就是说的这方面的事。

物体一定要先有名，而后才有这个字，所以一定要知晓命名

字谕纪泽：

接尔八月十四日禀并日课一单、分类目录一纸。日课单批明发还。目录分类，非一言可尽。

大抵有一种学问，即有一种分类之法；有一人嗜好，即有一人摘钞之法。若从本原论之，当以《尔雅》为分类之最古者。天之星辰，地之山川，鸟兽草木，皆古圣贤人辨其品汇_{品种}，命之以名。《书》所称"大禹主名山川"，《礼》所称"黄帝正名百物"是也。

物必先有名，而后有是字，故必知命名之原_{起源，根由}，乃知

文字之原。舟车、弓矢、俎豆

古代祭祀用来盛祭品的两种礼器。俎 zǔ

、钟鼓，日用之具，皆先王制器以利民用，必先有器而后有是字，故又必知制器之原，乃知文字之原。君臣、上下、礼乐、兵刑、赏罚之法，皆先王立事以经纶 筹划治理 天下，或先有事而后有字，或先有字而后有事，故又必知万事之本，而后知文字之原。此三者，物最初，器次之，事又次之，三者既具，而后有文词。

《尔雅》一书，如释天、释地、释山、释水、释草木、释鸟兽虫鱼，物之属也；释器、释宫、释乐，器之属也；释亲，

的本原，才可以知道文字的本原。

舟车、弓矢、俎豆、钟鼓等日常用具，都是先王制造的器物供民众使用，一定是先有这个器物而后才有与之相应的字，所以又一定要知道一种器具制作的本原，才可知道文字的本原。君臣、上下、礼乐、兵刑、赏罚等制度，都是先王设置的制度用以管理天下，有的是先有制度而后有字，有的是先有字而后有制度，所以又必须先知道万事万物的本原，然后才知道文字的本原。这三者之中，物是最先有的，其次是器，最后是事，三类型具备之后才有文辞。

《尔雅》一书，如释天、释地、释山、释水、释草木、释鸟兽虫鱼，都属于物这一类；释器、释宫、释乐，则属于器类；释亲属于事

类；释诂、释训、释言，则属于文辞类。

《尔雅》的分类，只有事一类最为简略；后世的分类，又只有事类最为详细。事类之中又划分为相对的两类：叫作虚事类、实事类。虚事类，如经中的"三礼"、司马迁《史记》的"八书"、班固《汉书》的"十志"以及"三通"的分门别类都属于虚事。实事类，是指把史书中过去的事迹，分类编纂记载的书，如《事文类聚》《白孔六帖》《太平御览》及我朝的《渊

事之属也；释诂、释训、释言，文词之属也。

《尔雅》之分类，惟属事者最略；后世之分类，惟属事者最详。事之中又判为两端焉：曰虚事，曰实事。虚事者，如经之三礼《周礼》《仪礼》《礼记》，马司马迁之八书《礼书》《乐书》《律书》《历书》《天官书》《封禅书》《河渠书》《平准书》，班班固之十志《律历志》《礼乐志》《刑法志》《食货志》《郊祀志》《天文志》《五行志》《地理志》《沟洫志》《艺文志》，及三通《通典》《通志》《文献通考》之区别门类是也；实事者，就史鉴中已往之事迹，分类纂记，如《事文类聚》共一百七十卷，分前、后、别、续四集。搜集古今纪事及诗文，材料较丰富，合编成书，供查检典故之用。《白孔六帖》《唐宋白孔六帖》简称。是我国南宋末年合刻唐白居易编《白氏六帖》和宋孔传编《孔氏六帖》而成的一部综合性类书、《太平御览》是一部具有百科全书性质的类书。全书以天、地、人、事、物为序，分成五十五部，引用古书1000多

种, 保存了大量宋以前的文献资料。北宋李昉、李穆、徐铉等编纂 及我朝《渊鉴类函》清代官修的大型类书。共计四百五十卷, 四十五个部类。清朝张英、王士禛、王惔等编撰 、

《子史精华》专采集子、史部及少数经、集部书中有关社会情况、自然知识、学术文化等方面的名言隽句汇编成册。全书一百六十卷, 三十部, 二百八十类。清朝允禄、吴襄等编纂 等书是也。

尔所呈之目录, 亦是钞摘实事之象, 而不如《子史精华》中目录之精当精确恰当。余在京藏《子史精华》, 温叔于二十八年道光二十八年带回, 想尚在白玉堂, 尔可取出核对, 将子目略为减少。后世人事日多, 史册日繁, 摘类书者, 事多而器物少, 乃势所必然。尔即可照此钞去, 但期与《子史精华》规模相仿, 即为善本。其末附古语鄙谑指俗语、趣语之类。谑 xuè, 戏语, 虽

鉴类函》《子史精华》等书。

你所呈的目录和摘抄实事的那些书相似, 但不如《子史精华》中的目录精确恰当。我在京城中收藏的《子史精华》, 温甫叔于道光二十八年带回去了, 想必还在白玉堂, 你可以取出来核对一下, 把子目略为减少一些。后世人事日益增多, 史册日益繁杂, 人们摘抄类书中, 属于事类的多, 属于器类的少, 这是必然的。你可以照此抄去, 只是希望能与《子史精华》的规模相仿, 那就是善本了。末尾附录的古语、俗语、

趣语，虽然未必没有用处，但不如直接摘抄《说文》中的字词解释，差不多与《尔雅》开头的三篇相近似。

我也想仿照《尔雅》的体例抄写编纂类书，把那些每日当知每月不可忘的材料记录下来，只苦于年岁大了，军务繁忙，一直不能完成。或许我稍稍开个头，你将来接着完成就可以了。

我身体还好，只是疮病很长时间都不能痊愈。你沅甫叔已开拔赶赴庐江、无为州，一切平安。

胡润芝宫保逝世，是东南一大不幸的事件，令人极其悲痛！

紫兼毫军营中没有，现寄去

未必无用，而不如径_{径直，直接}摘钞《说文》训诂，庶与《尔雅》首三篇相近也。

余亦思仿《尔雅》之例钞纂类书，以记日知月无忘之效，特患_{苦于}年龄已衰，军务少暇，终不能有所成。或余少_稍引其端_{开端}，尔将来继成之可耳。

余身体尚好，惟疮久不愈。沅叔已拔营赴庐江、无为州，一切平安。

胡宫保_{胡林翼。字贶生，号润芝。湘军主要首领。因封太子少保故称宫保。贶 kuàng}逝，是东南大不幸事，可伤之至！

紫兼毫_{毛笔的一种}营中无之，

兹付笔二十、印章一包查收，蓝格本下次再付。

澄叔处尚未写信，将此送阅。

咸丰十一年九月初四日

笔二十支、印章一包记得查收，蓝格本下次再寄。

这次没有给澄侯叔写信，将此信送给他看。

"名实之辩"是中国古代哲学中的一个核心命题。曾氏作为当世理学大家，对于儒家学说中孔子的"正名"思想以及荀子"制名以指实"的理论又有新的继承和发扬。从曾氏向儿子引经据典地解释"先有名，而后有是字"这一学术问题，可以看出他对于训诂学、目录学独到、精深的见解。

写信告纪泽知悉：

　　前几天看到你所撰写的《说文分韵解字凡例》，很高兴你如今有了很大长进，执意恳请莫君给你指示错误之处。

　　莫君名友芝，字子偲，号邵亭，贵州省道光十一年举人，学问渊博纯正。道光二十七年在琉璃厂与我相见，我心中非常敬仰他。今年七月来军营又得以再次与之畅谈。他的学问在考据、词章两个方面都很有基础，义理方面也践行修治一丝不苟。现将他批改修订你所撰写的凡例寄回去。我也批示了几处。

　　又寄回去银子百五十两，加上之前寄回去的一百两，都是大女儿出嫁的费用。以二百两办嫁

字谕纪泽：

　　昨见尔所作《说文分韵解字凡例》，喜尔今年甚有长进，固请莫君指示错处。

　　莫君，名友芝，字子偲_{sī}，号邵_{tú}亭，贵州辛卯_{道光十一年}举人，学问淹雅_{渊博纯正}。丁未年_{道光二十七年}在琉璃厂与余相见，心敬其人。七月来营复得邑_畅谈。其学于考据、词章二者皆有本原，义理亦践修_{履行实践}不苟。兹将渠批订尔所作之凡例寄去。余亦批示数处。

　　又寄银百五十两，合前寄之百金，均为大女儿于归_{出嫁}之用。以二百金办奁具_{嫁妆}，以

五十金为程仪 送行的礼钱。家中切不可另筹银钱，过于奢侈。遭此乱世，虽大富大贵亦靠不住，惟勤俭二字可以持久。又寄丸药二小瓶，与尔母服食。

尔在家常能早起否？诸弟妹早起否？说话迟钝，行路厚重否？宜时时省记也！

咸丰十一年九月二十四日

评析

对于家风所看重的"勤俭""早起"等"要义"，曾氏在家书中不停督促、反复叮咛，做父亲的殷切之情跃然纸端。

写信告纪泽知悉：

　　初四接到你二十六日的信，所刻的《心经》略微有了些《西安圣教》的笔意。总是应该修养博大活泼的胸怀，此后应该有更大的长进了。

　　你去年看《诗经注疏》已经看完了吗？如果没看完，应当补充看完，不能没有恒心。讲《通鉴》就用我之前圈点过的来讲，也可以将来再另外购买一部，仿照我的样子再圈点一次也好。

字谕纪泽：

　　初四日接尔二十六号禀，所刻《心经》微有《西安圣教》笔意。总要养得胸次（胸怀）博大活泼，此后当更有长进也。

　　尔去年看《诗经注疏》已毕否？若未毕，自当补看，不可无恒耳。讲《通鉴》即以我过笔者讲之，亦可将来另购一部，尔照我之样过笔一次可也。

咸丰十一年十月二十四日

虽然长期行军打仗不在子女身边，但曾氏却一日没有停止对孩子学习生活的关心，有了成绩就多鼓励与夸赞，发现不足就敦促改正和修补，并且善于结合自己探索出来的学习方法影响和带动孩子，堪称家庭教育方面的专家。

字谕纪泽：

接沅叔信，知二女喜期，陈家择于正月二十八日入赘 _{上门女婿。男方到女方家落户。赘 zhuì}。澄叔欲于乡间另备一屋。余意即在黄金堂成礼，或借曾家垇 _{ào} 头行礼，三朝后仍接回黄金堂。想尔母子与诸叔已有定议矣。

兹寄回银二百两为二女奁资，外五十金为酒席之资，俟下次寄回（亦于此次寄矣）。

浙江全省皆失，贼势浩大，迥异 _{完全不同。迥 jiǒng} 往时气象。鲍军在青阳亦因贼众兵单，未能得手。徽州近又被围，余任大责重，忧闷之至！

写信告纪泽知悉：

接到你沅叔来信，得知二女儿的喜期，陈家选择在正月二十八日入赘。澄叔想在乡里另外置备一套房屋。我的意思是就在黄金堂举行婚礼，或者借曾家垇头举行婚礼，三天后仍然接回黄金堂。想必你母亲与诸位叔叔已商议好了。

现寄回银二百两作为二女儿的陪嫁费用，另外五十两为酒席的费用，等下次寄回（还是此次寄了）。

浙江全省都失陷了，敌人声势浩大，和以往的情形大不一样。鲍军在青阳也因敌众我寡而未能得手。徽州最近又被围困，我责任重大，极度烦闷忧虑！

皮肤癣并未减轻，每当非常痛痒的时候，就特别想和你们母子见面。因敌军情势紧逼，不敢仓促接家眷来军营。又因为罗氏女须要出嫁，纪鸿须要出门赶考，暂且等到明年春天再看。如果贼寇的气焰稍减，安庆没有什么危险了，就接你母亲带纪鸿来军营探亲，你们夫妇与陈婿在家里照料一切。如果敌军形势日益严峻，就仍是只接你来军营探亲。明年正月、二月才能有准确的信息。

纪鸿县、府各级考试，都要由邓老师亲自送考，澄叔之前说纪鸿要去书院读书，绝对不可以。

之前蒙皇恩所赐遗念衣一件、帽子一顶、扳指一个、表一块，都用黄箱子送回家了（宣宗所赐遗念衣一件、玉佩一副，也可藏

疮癣并未少减，每当痛痒极苦之时，常思与尔母子相见。因贼氛环逼，不敢遽接家眷。又以_{因为}罗氏女须嫁，纪鸿须出考，且待明春察看。如贼焰少衰，安庆无虞_{没有忧患，太平无事。虞yú，忧虑}，则接尔母带纪鸿来此一行，尔夫妇与陈婿在家照料一切。若贼氛日甚，则仍接尔来行。明年正二月再有准信。

纪鸿县府各考，均须邓师亲送，澄叔前言纪鸿至书院读书，则断不可。

前蒙恩赐遗念_{指咸丰皇帝的遗物}衣一、冠一、扳指一、表一，兹用黄箱送回（宣宗遗念衣一、玉佩

一，亦可藏此箱内），敬谨尊藏。

此嘱！

在这个箱子里）。一定要恭敬谨
慎地妥善收藏！此嘱！

咸丰十一年十二月二十四日

　　曾国藩有严重的皮肤病，
行军打仗，风餐露宿，医疗条件
较差，疾患发作更加难耐。每当
痛苦难当之时，曾国藩也有软弱
的时候，"常思与尔母子相见"。
一方面是对妻、子无比思念，一
方面又担心军情险恶，不敢轻易
让家人来军营探望，满纸情深意
切，可见曾氏凡人一面的真性情。

勿貪意
外之財

勿贪意
外之财

字谕纪泽：

正月十三四，连接尔十二月十六、二十四两禀，又得澄叔十二月二十二日一缄、尔母十六日一缄，备悉一切。

尔诗一首阅过发回。尔诗笔远胜于文笔，以后宜常常为之。余久不作诗而好读诗，每夜分辄取古人名篇高声朗诵，用以自娱。今年亦当间作二三首，与尔曹相和答，仿苏氏父子 <u>宋朝的苏洵和他的儿子苏轼、苏辙</u> 之例。

尔之才思能古雅而不能雄骏，大约宜作五言而不宜作七言。余所选十八家诗，凡十厚册，在家中，此次可交来丁 <u>兵士</u> 带至

写信告纪泽知悉：

正月十三、十四，连续两天接到你十二月十六、二十四日的两封信，又接到了澄侯叔十二月二十二日和你母亲十六日的来信各一封，情况都知道了。

你写的一首诗看过，给你寄回去了。你写诗的水平远胜于作文的水平，以后应常作诗。我很久没写诗了，但喜欢读诗，每天夜里拿来古人的名篇高声朗读，用以自娱自乐。我今年也当偶尔作两三首诗，与你们相互唱和，仿照苏氏父子的先例。

你的才思古雅而不雄峻，大概适合作五言诗而不适合作七言诗。我选的十八家诗，共十册厚，放在家中，此次可以让人给我带

到军营中来。你要读古诗，汉魏六朝的古诗，当取我选的三曹、阮籍、陶渊明、谢灵运、鲍照、谢朓六家的诗专心去读，一定和你的性情相近。至于开拓心胸，扩充气魄，穷尽变化，则除了唐代的李白、杜甫、韩愈、白居易，宋金时期的苏轼、黄庭坚、陆游、元好问这八家，没有能够写尽天下古今奇观的。你的气质虽不与这八家相近，但不可不将这八位大家的文集悉心研究一番。这八位的诗文实在是六经以外的巨作、文字之中的珍品啊！

你对于文字的音韵训诂稍有

营中。尔要读古诗，汉魏六朝，取余所选曹（曹操和他的儿子曹植、曹丕）、阮（阮籍。字嗣宗。三国时期诗人、作家、思想家）、陶（陶渊明。字元亮，又名潜，私谥靖节，世称靖节先生。东晋末至南朝初期诗人、辞赋家）、谢（谢灵运。原名公义，字灵运，小名客儿，世称谢客。南北朝时期诗人、文学家、旅行家）、鲍、谢（谢朓。字玄晖。南朝山水诗人。朓 tiǎo）六家，专心读之，必与尔性质（气质）相近。至于开拓心胸，扩充气魄，穷极变化，则非唐之李、杜、韩、白（白居易。字乐天，号香山居士。唐代诗人、文学家），宋金之苏、黄、陆、元（元好问。字裕之，号遗山。金末元初作家、历史学家）八家，不足以尽天下古今之奇观。尔之性质，虽与八家者不相近，而要不可不将此八人选集悉心研究一番。实六经外之巨制，文字中之尤物（珍品）也！

尔于小学粗有所得，深用

为慰！欲读周汉古书，非明于小学无可问津_{入门}。余于道光末年，始好高邮王氏父子之说，从事戎行，未能卒业，冀尔竟_{实现，完成}其绪_{事业，功业}耳。

余身体尚可支持，惟公事太多，每易积压。癣痒迄未甚愈。家中索用银钱甚多，其最要紧者，余必付回。京报在家，不知系报何喜。若节制_{调度管束}四省_{指苏、皖、赣、浙四省}，则余已两次疏辞_{上疏推辞}矣。此等空空体面，岂亦有喜报耶？

同治元年正月十四日

一些收获，我很感欣慰。要读周汉古书不弄明白文字的音韵训诂就无法入门。我在道光末年才开始喜欢高邮王氏父子的学说，从军之后未能学习到底，希望你能把我未完成的学业完成。

我身体还可以支撑得住，只是公务太多，常常易积压。皮肤病至今尚未痊愈。家中要求用钱的地方很多，其中最紧要的用项，我肯定会把钱寄回去。听说京报送到了家里，不知道报的是什么喜事？如果是让我节制统管苏、皖、赣、浙四省，我已经两次上疏请辞了。这种没有实际意义的空头体面，哪有什么喜值得报的？

评析　　俗话说"知子莫若父"。要想教育好子女，就必须先对孩子的所长所短都有全面深刻的认识。曾氏分析判断儿子作诗强于写文章，作五言诗强于作七言诗，并根据儿子的特点有针对性地推荐了汉魏六朝的古诗和李、杜、韩、白、苏、黄、陆、元八家诗作学习材料。如此教育方法，可谓是精确灌溉、事半功倍。

字谕纪泽：

二月十三日接正月二十三日来禀并澄侯叔一信，知五宅平安。二女正月二十日喜事诸凡所有，一切顺遂，至以为慰！

此间军事如恒héng。常。徽州解围后贼退不远，亦未再来犯。左中丞进攻遂安，以为攻严州保衢州之计。鲍春霆顿兵驻屯军队青阳，近未开仗。洪叔在三山夹收降卒三千人，编成四营。沅叔初七日至汉口，十五后当可抵皖。李希帅李续宜。字克让，号希庵。湘军将领初九日至安庆，三月初赴六安州。多礼堂进攻庐州，贼坚守不出。上海屡次被贼扑犯，

写信告纪泽知悉：

二月十三日接到你正月二十三日的来信，及你澄侯叔父的一封信，知道家中五宅平安。二女儿正月二十日的喜事操办一切顺利，我非常欣慰！

这里的军情还是老样子。徽州解围后贼兵退去不远，也没有再来进犯。左宗棠进攻遂安，是下一步攻打严州保卫衢州的一种策略。鲍春霆驻屯军队在青阳，最近没有开战。你季洪叔在三山夹收服投降兵卒三千人，编成四营。沅甫叔初七日到汉口，十五日后应当可以抵达安徽。李希庵大帅初九到了安庆，三月初赶赴六安州。多礼堂进攻庐州，贼寇坚守不出。上海屡次被贼寇攻扰，

有洋人帮助守卫，幸好尚且没什么问题。

我身体平安。今年间或能安稳睡着了，这是近年来都不曾有的。只是皇上的恩宠太隆重，责任太大，我深感忧惧不安。知交当中的有识之士，也都替我感到不安。只好时时刻刻谨慎，脑子里常存着如履薄冰的念头！

今年县考在什么时候？鸿儿去赶考，必须请寅皆老师送去。寅皆老师父子的一切路费，都由我们家来出。

洋人助守，尚幸无恙。

余身体平安。今岁间能成寐_{mèi。入睡}，为近年所仅见。惟圣眷_{皇上的宠眷}太隆，责任太重，深以为危。知交有识者亦皆代我危之。只好刻刻谨慎，存一临深履薄_{面临深渊，脚踩薄冰。比喻小心谨慎，唯恐有失。深，深渊；履，踩踏}之想而已！

今年县考在何时？鸿儿赴考，须请寅师往送。寅师父子一切盘费，皆我供应也。

同治元年二月十四日

评析　得宠思辱，居安思危。正当曾氏连战连捷，加官晋爵，恩宠日盛的时候，他给家人信中写的感受却是"深以为危"。说自己比平时更加小心谨慎，脑子里时刻绷紧一根弦，如临深渊，如履薄冰。居功不自傲，实则是明哲保身之举，写家书与儿子共勉，也是在提醒家人要懂得为人处世盛极而衰的道理。

字谕纪泽：

　　三月十三日接尔二月二十四日安禀并澄叔信，具悉五宅平安。

　　尔至葛家送亲后，又须至浏阳送陈婿夫妇，又须赶回黄宅送亲，又须接办罗氏女喜事，今年春夏，尔在家中比余在营更忙。然古今文人、学人，莫不有家常琐事之劳其身，莫不有世态冷暖之撄_{yīng。扰乱，纠缠}其心。尔现当家门鼎盛之时，炎凉之状不接于目，衣食之谋不萦_{yíng。缠绕}于怀，虽奔走烦劳，犹远胜于寒士困苦之境也。

　　尔母咳嗽不止，其病当在

写信告纪泽知悉：

　　三月十三日接到你二月二十四日的信和你澄侯叔的一封信，知道家中五宅平安。

　　你到葛家送亲后，又须到浏阳送陈婿夫妇，又须赶回黄家送亲，又须接手办理罗家儿女的喜事，今年春夏，你在家中比我在军营更忙。但是古今文人、学者无不有家常琐事疲劳其身体，无不有世态冷暖扰乱其内心。你现在正逢家门鼎盛的时候，世态炎凉你看不到，不用为谋取衣食而烦忧，虽然奔走烦劳但也远胜于贫寒之士的困苦之境。

　　你母亲咳嗽不止，她的病根

应该在肺上。现在寄回去上好人参四钱五分、高丽参半斤。试吃如果有效的话，应托人到京城再去买。

我最近很久不吃丸药了，只是每月逢两个节气会服用三剂归脾汤。最近非常嗜睡，不知是好是坏。

战事平安。鲍超公于初七在铜陵打了一场大胜仗。李少荃坐轮船于初八赶赴上海。他麾下的六千五百人会陆续载过去。李希庵往颍州派出救援部队，颍州城于初五日解围。

三女儿于四月二十二日出嫁罗家，现在寄去银二百五十两，

肺家。兹寄去好参四钱五分、高丽参半斤。好者如试之有效，当托人到京再买也。

余近久不吃丸药，每月两逢节气，服归脾汤三剂。迩来渴睡甚多，不知是好是歹。

迩 最近以来。迩 ěr，近

军事平安。鲍公于初七日在铜陵获一大胜仗。少荃坐火轮船于初八日赴上海。其所部六千五百人当陆续载去。希庵所派救颍州之兵，颍郡于初五日解围。

第三女于四月二十二日于归罗家，兹寄去银二百五十两

查收，余不详。

　　即呈澄叔一阅。此嘱。

　　　　　　同治元年三月初四日

注意查收，其余不多说了。

　　把此信呈给澄叔看看。此嘱。

　　此封信中，曾氏感念儿子操持家务，奔波劳苦，温言体恤，满纸关怀之情。但他疼爱却不溺爱，指出儿子的这种劳累比之寒门子弟的困苦不知道要好多少倍。其中说古今文人、学人"莫不有家常琐事之劳其身，莫不有世态冷暖之撄其心"一句，和孟子那句著名的"天将降大任于斯人也，必先苦其心志，劳其筋骨"有异曲同工之妙。

勿飲過
量之酒

勿饮过
量之酒

字谕纪泽：

连接尔十四、二十二日在省城所发禀，知二女在陈家门庭雍睦（团结，和谐。雍，和谐。），衣食有资，不胜欣慰！

尔累月奔驰酬应，独能不失常课（日常学习的功课），当可日进无已（无止境）。人生惟"有常"是第一美德。余早年于作字（练习书法）一道，亦尝苦思力索，终无所成。近日朝朝暮写，久不间断，遂觉月异而岁不同。可见年无分老少，事无分难易，但行之有恒，自如种树养畜，日见其大而不觉耳。尔之短处，在言语欠钝讷，举止欠端重，看书能深入而作

写信告纪泽知悉：

连续接到你十四、二十二日在省城所发来的信，得知二女儿在陈家家庭和睦，衣食无忧，我非常欣慰！

你连续数月奔走，各方应酬，却能够不间断照常学习，定会天天进步，永无止境。人生只有"持之以恒"是第一美德。我早年对于练习书法，也曾经苦苦思考，努力探索过，最后仍没什么成就。最近每天摹写，很长时间不间断，就觉得每个月有小变化，每年有大不同。可见年龄不分老少，事情不分难易，只要行之有恒，自然就会像种树养畜一样，每天都看着它长大而不觉察了。你的缺点，在于言语不够迟缓，举止不够端庄稳重，看书能深入而写文

章较为平庸。如果能够从这三件事上下一番苦功夫，以迅猛速度进步，持之以恒，不过一二年，自然你会在不知不觉中大有精进。做到言语迟缓、举止端庄稳重，则品德修为就会进步。作文有卓越雄壮之气，则学问就会长进。

你之前作诗已有起色，最近还常常作吗？李白、杜甫、韩愈、苏轼四家的七言古诗，惊心动魄，都曾涉猎到了吗？

这里的战事，近日极为顺利。鲍春霆军连克青阳、石埭、太平、泾县四座城池，你沅甫叔连克巢县、和州、含山三座城池和铜城闸、雍家镇、裕溪口、西梁山四处险要的地方。你满叔连克繁昌、

文不能峥嵘 zhēng róng。形容山的奇峻突兀。此喻文章的卓异，气势不凡。若能从此三事上下一番苦工，进之以猛，持之以恒，不过一二年，自尔精进而不觉。言语迟钝，举止端重，则德进矣。作文有峥嵘雄快 豪爽痛快之气，则业进 学问长进矣。

尔前作诗，差 略微，颇有端绪 头绪，端倪，近亦常作否？李、杜、韩、苏四家之七古，惊心动魄，曾涉猎及之否？

此间军事，近日极得手。鲍军连克青阳、石埭、太平、泾县四城，沅叔连克巢县、和州、含山三城暨铜城闸、雍家镇、裕溪口、西梁山四隘。满叔连

原文

克繁昌、南陵二城暨鲁港一隘。现仍稳慎图之，不敢骄矜^{骄傲自负。矜jīn，自尊，自大，自夸。}

余近日疮癣大发，与去年九十月相等。公事丛集，竟日^{整天}忙冗^{忙碌。冗rǒng，繁忙}，尚多积阁之件。所幸饮食如常，每夜安眠或二更三更之久，不似往昔彻夜不寐，家中可以放心。

此信并呈澄叔一阅，不另致也。

同治元年四月初四日

导读

南陵两座城池和鲁港一处险要地方。现在仍须要稳妥谨慎地谋划，不敢骄傲自负。

我最近皮肤病犯得厉害，病情和去年九、十月一样。公务之事积累了很多，每天从早到晚忙碌还积压了这么多文件。所幸饮食如常，每夜能安稳睡上四个小时或六个小时，不再像以往那样整夜睡不着，家中可以放心。

此信一起呈给你澄侯叔看一看，我就不另外写信了。

评析　　曾氏对儿子的教育从来都是由此及彼、循循善诱，能够站在客观、公正、平等立场上来看待问题，经常是对儿子不吝表扬，对自己反思批评，而不是摆出家长的权威。身教胜过言教，说服而不压服，这是曾氏家书给当今父母的又一个启示。

字谕纪泽、纪鸿:

今日专人送家信，甫^{刚刚，才}经成行，又接王辉四等带来四月初十之信，尔与澄叔各一件，藉悉一切。

尔近来写字总失之薄弱，骨力不坚劲，墨气不丰腴，与尔身体向来轻浮之弊正是一路毛病。尔当用油纸摹颜字之《郭家庙》、柳字之《琅琊碑》《玄秘塔》以药其病。日日留心，专从"厚重"二字上用工。否则字质太薄，即体质亦因之更轻矣。

人之气质，由于天生，本难改变，惟读书则可变化气质。

写信告纪泽、纪鸿知悉:

今天有专人送来家信，送信人刚走，又接到王辉四等带来的四月初十的信，其中有你与澄叔各一封，借此家里的事情都知道了。

你最近写字总是有一些薄弱，骨力不坚劲，墨画不丰腴，和你身体向来轻浮正是一路毛病。你应当用油纸临摹颜真卿的《郭家庙》、柳公权的《琅琊碑》《玄秘塔》以改正这个毛病。每天都要留心，专门从"厚重"二字上下功夫。否则字体太单薄，人的体态气质也会更轻浮。

人的气质是天生的，本来很难改变，只有读书可以改变气质。

古代相面之术都说读书可以改变骨相。想要求得改变它的方法，就必须先要立下坚忍不拔的意志。就我经历而言，三十岁前最爱抽烟，片刻离不开，到了道光二十二年十一月二十一日开始立志戒烟，到今天已不再抽了。四十六岁以前做事没有恒心，近五年来我深以为戒，现在做大小事都能有恒心了。从这两件事看，没有什么事情是不能改变的。

对于"厚重"两个字，你须要立志改变，古代人称"金丹换骨"，依我说，立志向就是金丹。此嘱！

古之精相法（相面术），并言读书可以变换骨相。欲求变之之法，总须先立坚卓（坚贞）之志。即以余生平言之，三十岁前最好吃烟，片刻不离，至道光壬寅十一月二十一日立志戒烟，至今不再吃。四十六岁以前作事无恒，近五年深以为戒，现在大小事均尚有恒。即此二端，可见无事不可变也。

尔于"厚重"二字，须立志变改，古称"金丹换骨"，余谓立志即丹也。此嘱！

同治元年四月二十四日

所谓"江山易改，本性难移"，人的性格、气质一旦形成一般很难改变。但曾氏认为，虽然难改，但也有能够使之脱胎换骨的"金丹妙药"，那就是立志、读书。所谓"读书可以变换骨相"，用今天的话说就是"知识可以改变命运"。曾氏还用自己立志戒烟的例子告诉儿子，只要意志坚定，没有什么事情是不能改变的，一定要克服自己做人写字轻浮的毛病，力争达到"厚重"的境界。

凡事當
留餘地

字谕纪泽：

接尔四月十九日一禀，得知五宅平安。

尔《说文》将看毕，拟先看各经注疏，再从事于词章之学。余观汉人词章，未有不精于小学训诂者，如相如、子云、孟坚于小学皆专著一书。《文选》于此三人之文著录最多。余于古文，志在效法此三人，并司马迁、韩愈五家。以此五家之文，精于小学训诂，不妄下一字也。尔于小学，即粗有所见，正好从词章_{辞章、诗文的总称}上用功。《说文》看毕之后，可将《文选》细读过，一面细读，一面钞记，

写信告纪泽知悉：

接到你四月十九日的一封信，得知家中五房人全都平安。

你说《说文解字》快看完了，准备先看各种经书的注疏，再研究关于词章的学问。我看汉代人的词章，没有哪一家不精通小学训诂的，如司马相如、扬子云、班孟坚在音韵训诂方面都专门写过一本书。《昭明文选》对于这三个人的文章录选最多。我对于古文写作，志在学习仿效这三个人以及司马迁、韩愈五家。因为这五家的文章，精于小学训诂，不随便下笔写任何一个字。你在音韵训诂方面已经稍微有了一些见地，正好从诗文上下功夫。《说文解字》看完之后，可以将《昭明文选》仔细读一遍，一面仔细

读，一面抄记，一面仿效其作文章。凡是新奇不常见的字、雅正的训释，不用手抄写则记不住，不模仿写作就不能熟用。

自宋朝以后，善于写文章的不精通音韵训诂；我们清朝的一些儒生，精通音韵训诂的又不善于写文章。我早年已看出这其中的门道，但因为事情太多太忙，又长时间从军打仗，不能继续从事学问，至今因此感到特别遗憾！你的天分，看书是长处，作文是短处。文章之学太欠缺，则对于古书的立意行文一定不能看得十分精确恰当。目前，最好从不足之处下功夫，专心致力于研究《昭明文选》，摘抄和仿写两方面都不能缺少。等到文笔稍有长进，

一面作文，以仿效之。凡奇僻（新奇不常见）之字，雅故（雅正的训解）之训，不手钞则不能记，不摹仿则不惯用。

自宋以后，能（善于）文章者，不通小学；国朝诸儒，通小学者，又不能文章。余早岁窥其门径，因人事太繁，又久历戎行（róng háng。军队，行伍），不克（能够）卒业，至今用为疚憾！尔之天分，长于看书，短于作文。此道太短，则于古书之用意行气，必不能看得谛当（确当，恰当。谛 dì，仔细）。目下宜从短处下工夫，专肆力（尽力。肆 sì，尽，极）于《文选》，手钞及摹仿二者皆不可少。待文笔稍有长进，

则以后诂解释经读史，事事易于著手动手做矣。

此间军事平顺。沅、季两叔皆直逼金陵即今江苏南京城下。兹将沅信二件寄家一阅。惟沅季两军，进兵太锐，后路芜湖等处空虚，颇为可虑。余现筹兵补此瑕隙，不知果无疏失否。

余身体平安，惟公事日繁，应复之信，积阁甚多，余件尚能料理，家中可以放心。

此信送澄叔一阅。余思家乡茶叶甚切，迅速付来为要。

同治元年五月十四日

那么将来研读经书、阅读历史，就事事易于上手了。

这里战事平安顺利。沅甫、季洪两个叔叔都已经直逼金陵城下。现在将沅甫叔的两封信寄回家给你们看。只是沅甫、季洪两军进军太快，后路芜湖等处兵力空虚，很值得忧虑。我现在调兵弥补这一空隙，不知道是不是真的没有闪失。

我身体平安，公事一天比一天繁杂，应该回复的信件积压了很多，其他的我都能料理，家中可以放心。

此信送给澄侯叔看看。我现在非常想喝家乡的茶叶，请速速给我寄来。

对于古文的写作与研究，曾氏还是相当自信的，数次言及自己"窥其门径""用力颇深"，作为一个"学者型"的父亲，自然对于指导儿子古文写作有着别样的情感期待。曾国藩认为，宋朝之后，会写文章的不懂小学，清朝之中，懂小学的又不会写文章，因此只有将二者有机结合才能写出上等的好文章。

字谕纪泽：

二十日接家信，系尔与澄叔五月初二日所发，二十二又接澄侯衡州一信，具悉五宅平安，三女嫁事已毕。

尔信极以袁婿为虑，余亦不料其遽尔_{骤然，突然}学坏至此，余即日当作信教之，尔等在家却不宜过露痕迹。人所以稍顾体面者，冀人之敬重也。若人之傲惰鄙弃业已露出，则索性_{直截了当，干脆}荡然无耻，拼弃不顾，甘与正人为仇，而以后不可救药矣！我家内外大小，于袁婿处礼貌均不可疏忽。若久不悛改_{悛 quān，改，悔改}，将来或接至皖营，

写信告纪泽知悉：

二十日接到家里来信，是你和澄叔五月初二日寄来的，二十二日又接到澄侯叔衡州寄来的一封信，知道了家中五宅平安，三女儿婚嫁事情已经办完。

你在来信中很为袁家女婿担心，我也没料到他很快就学坏到了这种地步。我今天就写信教育他，你们在家里却不宜过分暴露对他不满的情绪。人之所以还会稍微顾及些体面，是希望人们敬重自己。如果一个人的傲慢、懒惰和被人鄙视抛弃已经暴露出来，就会索性一点儿都不知道羞耻，不顾一切脸面，甘心与正直的人为敌，以后就不可救药了！我们家内外大大小小对袁家女婿在礼貌上都不可疏忽。如果他长久不悔改，将来或者把他接到安徽军

营来，专门聘请老师教导他也行。大约世家子弟钱不可以多，衣服不可以多，这些事情虽小，关系却很大。

这里各路军事情况平安。多隆阿将军赶赴陕西救援。沅甫、季洪的军队在金陵孤立无援，不可不忧虑。湖州在初三日失守，鲍春霆攻打宁国府，恐怕难以很快拿下。安徽大旱，近来下了三天大雨，人心才开始安定。稻谷就在长沙采购了，以后你澄侯叔不必担心。

此次不另外给澄侯叔寄信，你禀告他即可。此嘱！

延师 **聘请老师。延，引进，请** 教之亦可。大约世家子弟，钱不可多，衣不可多，事虽至小，所关颇大。

此间各路军事平安。多将军赴援陕西。沅、季在金陵孤军无助，不无可虑。湖州于初三日失守，鲍攻宁国，恐难遽克。安徽亢旱 **大旱。亢 kàng，极度，非常** ，顷间三日大雨，人心始安。谷即在长沙采买，以后澄叔不必罣 **guà。悬挂。引申为牵挂** 心。

此次不另寄澄信，尔禀告之。此嘱！

同治元年五月二十四日

　　面对大女儿婚姻生活不幸，所嫁的袁家女婿举止轻浮、游手好闲的情况，曾氏并没有摆出名门望族的架子大肆申饬女婿，而是仍然叮嘱家人要处处照顾女婿的面子，不能暴露不满情绪。这一方面体现出曾氏为人处世温良恭俭让的敦厚之风；但另一方面，限于当时的历史条件，这种大事化小、家丑不外扬的处理方式，也造成了女儿更大的不幸。原本曾国藩坚持的"门当户对"的择偶观，在无情的现实面前被击得粉碎。他一手操办的四个女儿的婚姻均不是很幸福，这也是曾氏一生悔恨的事。

字谕纪鸿儿：

前闻尔县试^{清代由县官主持的考试。约考五场，通过后才能取得秀才资格}幸列首选，为之欣慰。所寄各场文章，亦皆清润大方。

昨接易芝生先生十三日信，知尔已到省。城市繁华之地，尔宜在寓中静坐，不可出外游戏征逐^{指吃喝玩乐，不务正业}。

兹余函商^{写信商量}郭意诚先生，在于东征局兑银四百两，交尔在省为进学^{科举时代，由童生考取生员叫作进学}之用。如郭不在省，尔将此信至易芝生先生处借银亦可。印卷之费，向例^{以往的规则，惯例}两学及学书共三分，尔每分宜送钱百千。邓寅师处谢礼百两。邓十世兄处送银十

写信告纪鸿知悉：

之前听说你县试幸运被列为头等，非常欣慰。所寄来的各场考试文章，都很清润大方。

昨天接到易芝生先生十三日的来信，知道你已到省城。城市是繁华之地，你最好在住所中静坐，不可外出往来应酬吃喝玩乐。

现我写信与郭意城先生商量，在东征局兑换银钱四百两，作为你在省城进学的花费。如果郭先生不在，你拿着这封信到易芝生先生那里借银子也行。刊印书卷的花费按照惯例，两位老师和誊写人员共三份，你每份应送制钱一百串。邓寅皆老师处答谢礼金一百两。邓十世兄处送银十两，

作为帮他买书的钱。剩下银钱数几十两，作为你的零用钱以及买点衣服的花费。

凡是世家子弟，衣食起居，没有一样不与贫寒士子相同，做到这点或许将来可以成大器。若沾染上富贵习气，就难以奢望会有所成就。我愧居将相之位，但所有衣服加起来不值三百两银子。愿你们持守这一俭朴的家风，这也是惜福之道。平常照例该花的钱不应过于吝啬。拜谒孔圣人后再拜几家客人，就可以回家了。今年不必参加乡试，一方面你的功夫还不到时候，另一方面担心你的身体疲弱难以承受劳苦。此谕。

两，助渠买书之资。余银数十两，为尔零用及略添衣物之需。

凡世家子弟，衣食起居，无一不与寒士相同，庶可以成大器。若沾染富贵气习，则难望有成。吾忝〔有愧于。谦辞〕为将相，而所有衣服不值三百金。愿尔等当守此俭朴之风，亦惜福之道也。其照例应用之钱不宜过啬〔sè。吝啬，小气〕。谒圣〔拜谒孔圣。谒yè，拜见〕后拜客数家，即行归里。今年不必乡试，一则尔工夫尚早，二则恐体弱难耐劳也。此谕。

同治元年五月二十七日

　　曾氏拿自己的俭朴举例子，再次提醒儿子"成由勤俭败由奢"。世家子弟如果能够做到与贫寒子弟衣食起居一样，十有八九能成大事。相反，如果沾染了富贵习气，则难以成功。在学业上，曾氏对儿子的进步不吝表扬，同时又十分关心儿子身体，提醒他注意保养，学习要张弛有度，循序渐进。

写信告纪泽知悉：

　　曾代四、王飞四先后来到军营，接到你二十日、二十六日两封信，知道了家中五宅平安。

　　你唱和张邑侯的诗，音节接近古风，值得欣慰！五言诗如果能学到陶潜、谢朓诗中一种冲淡的味道、和谐的韵律，也是天下乐事、人间奇福了。

　　你既无心在科场考取功名利禄，只要能多读些古书，时时吟诗写字，陶冶性情，也是一生受用不尽的。但是应该约束自己，持身如玉，学习王羲之、陶渊明的胸襟、神韵、潇洒是可以的，效法嵇康、阮籍放浪形骸无视礼教则不可以。

字谕纪泽：

　　曾代四、王飞四先后来营，接尔二十日、二十六日两禀，具悉五宅平安。

　　和 _{hè。依照别人的诗词题材或体裁作诗词} 张邑侯诗，音节近古，可慰可慰！五言诗若能学到陶潜、谢朓一种冲淡之味、和谐之音，亦天下之至乐、人间之奇福也。

　　尔即无志于科名禄位，但能多读古书，时时吟诗作字，以陶写性情，则一生受用不尽。第 _只 宜束身圭璧 _{美好的玉器。喻美德。圭guī}，法王羲之、陶渊明之襟韵 _{胸怀气度} 潇洒则可，法嵇 _{嵇康。字叔夜。竹林七贤之一}、阮 _{阮籍。字嗣宗。竹林七贤之一} 之放荡名教 _{以正名定分为主的人伦礼教}，则不可耳。

希庵丁艰 [即丁忧。指遭逢上辈丧事]，余即在安庆送礼，写四兄弟之名，家中似可不另送礼。或鼎三侄另送礼物亦无不可，然只可送祭席挽幛 [wǎn zhàng。哀悼死者的幛子] 之类，银钱则断不必送。尔与四叔父、六婶母商之。希庵到家之后，我家须有人往吊 [吊丧，吊孝]，或四叔、或尔去皆可，或目下 [目前，马上] 先去亦可。

近年以来，尔兄弟读书，所以不甚耽搁者，全赖四叔照料大事、朱金权照料小事。兹寄回鹿茸一架、袍褂料一付，寄谢四叔；丽参三两、银十二两寄谢金权。又袍褂料一幅，

希庵遭逢亲故，我就在安庆送上礼金，写上四兄弟的名字，家中可以不要再送礼了。或由鼎三侄另外再送一份礼物，也无不可，但只能送祭席挽幛之类，银钱就不必再送了。你与四叔父、六婶母商量一下。希庵到家之后，我家须有人前往吊唁，或四叔、或你去都行，或现在先去也行。

近年以来，你们兄弟读书之所以没什么耽搁，全仰赖四叔照料大事、朱金权照料小事。现寄回鹿茸一架、袍褂料一副，寄给四叔以表答谢；高丽参三两、银钱十二两寄给金权以表答谢。又寄回去袍褂料一幅，补谢寅皆先

生。你一一妥善送达。家中贺喜
的客人，请金权恭敬地款待，不
可怠慢，这非常重要！

贤五先生请我作的传，稍迟
一些寄回去。此次没有给他回复，
你先告诉他。

家中有殿板《职官表》一书，
我想看一看，顺便寄过来。手抄
本《国史文苑》《儒林传》还在吗？
如果查找到了告诉我一声。此嘱。

补谢寅皆先生。尔一一妥送。家中
贺喜之客，请金权恭敬款待，
不可简慢 轻忽怠慢，失礼，至要至要！

贤五先生请余作传，稍迟
寄回。此次未写覆信，尔先告之。

家中有殿板《职官表》一
书，余欲一看，便中寄来。钞
本《国史文苑》《儒林传》尚
在否？查出禀知。此嘱。

同治元年七月十四日

评析

所谓"世事洞明皆学问，
人情练达即文章"。曾氏在家书
中不仅教导孩子治学持家之道，
还特别注重培养他们待人接物的
规矩和智慧。例如，婚丧嫁娶礼
金怎么出，答谢别人礼品怎么送
等都事无巨细，交代得清清楚楚。
总之一句话，要学做"温润如玉"
的君子，不能做放浪形骸的浪子。

字谕纪泽：

接尔七月十一日禀并澄叔信，具悉一切。

鸿儿十三日自省起程，想早到家。

此间诸事平安。沅、季二叔在金陵亦好，惟疾疫颇多。前建清醮<u>道士设坛祈祷、祭神。醮jiào</u>后，又陈龙灯狮子诸戏，仿古大傩<u>nuó。一种民间击鼓驱除疫鬼的仪式</u>之礼，不知少愈否。

鲍公在宁国招降童容海一股，收用者三千人。余五万人悉行遣散，每人给钱一千。鲍公办妥此事，即由高淳、东坝会剿金陵。

希帅由六安回省，初三巳

写信告纪泽知悉：

接到你七月十一日的信和澄叔的信，得知一切。

鸿儿十三日自省起程，想来早已到家。

这期间万事平安。沅、季两位叔叔在金陵也很好，只是疾病瘟疫很多。前些时他建了道场祭祀以后，又搞舞龙舞狮子的把戏，模仿古代祛除疫病的礼仪，不知道稍好些了没。

鲍春霆在宁国府招降了童容海一股敌人，改编继续使用的兵丁三千人，其余五万人全都遣散了，每人给钱一千。鲍公办妥此事，就由高淳、东坝与友军会师，一起攻打金陵。

希帅由六安回省城，初三巳

到。久病之后，加以哀伤忧愁，气色黑瘦，咳嗽不止，非常让人担心！今天接到谕旨，不准请假回家，赏银八百两，命令地方官照料。圣恩高厚，无以复加。但希帅盼望归乡的心情很迫切，观察他的病情，如不回家静养肯定难以痊愈。他最近准备自己上奏折向皇上陈述衷情。

你所作《拟庄》的三篇文章，能识名理，而且能够通训诂，非常欣慰！我近年来对古人写文章的门道颇有一些心得，然而身在军中少有闲暇，并没有尝试写作一吐心中想法。你如果能理解《汉书》的训诂，再参考《庄子》的诙谐奇诡，那么我可以得偿所愿

到。久病之后，加以忧戚，气象黑瘦，咳嗽不止，殊为可虑！本日接奉谕旨_{皇帝晓示臣下的旨意}，不准请假回籍，赏银八百，饬_{chì。古同"敕"，命令}地方官照料。圣恩高厚，无以复加。而希帅思归极切，观其病象，亦非回籍静养断难痊愈_{病好了}。渠日内拟自行_{亲自}具折陈情_{陈述想法}也。

尔所作《拟庄》三首，能识名理，兼通训诂，慰甚慰甚！余近年颇识古人文章门径，而在军鲜_{xiǎn。少暇}暇，未尝偶作，一吐胸中之奇。尔若能解《汉书》之训诂，参以《庄子》之诙诡_{诙谐奇诡}，则余愿偿矣。至行气

为文章第一义，卿、云之跌宕，昌黎之倔强，尤为行气不易之法。尔宜先于韩公倔强处，揣摩一番。

京中带回之书，有《谢秋水集》可交来人带营一看。

> 谢文洊。字秋水，号程山。清朝理学家。洊 jiàn

澄叔处未另作书，将此呈阅。

同治元年八月初四日

了。行气是文章的第一要义。司马相如、扬雄文章的跌宕，韩昌黎文章的倔强，尤其是作文行气颠扑不破的方法，你应该先就韩公倔强的地方揣摩一番。

从京城中带回来的书有《谢秋水集》，可交由人带来军营看一看。

你澄侯叔处没有另外写信，将此信送给他看。

评析

　　家书中，曾氏向儿子反复强调"行气"对于写作诗文的重要性。名人大家文章中的"跌宕"和"倔强"都是"行气"的外在表现。作为"实学"的倡导者，曾氏特别强调训诂学对于写文章的基础作用，所谓"基础不牢，地动山摇"，文章如人生，也要先正根基。

字谕纪泽：

　　接尔闰月禀，知澄叔尚在衡州未归，家中五宅平安，至以为慰。

　　此间连日恶风惊浪。伪忠王在金陵苦攻十六昼夜，经沅叔多方坚守，得以保全。伪侍王〔指李世贤。太平天国将领〕初三四亦至，现在金陵之贼数近二十万。业经守二十日，或可化险为夷。兹将沅叔初九、十与我二信寄归外，又有大夫第〔此指曾国荃的府第〕信，一慰家人之心。

　　鲍春霆移扎距宁郡城二十里之高祖山，虽病弁〔biàn。明清时称武官为弁〕太多，十分可危，然凯军在城主守，春霆在外主战，或足御之。惟宁国县城于初六日失守，恐〔恐怕。表示估计兼担心〕贼

写信告纪泽知悉：

　　接到你闰八月的信，知道澄叔还在衡州没回去，家中平安，很感欣慰。

　　这里连日来惊涛骇浪。伪忠王在金陵苦攻十六昼夜，经沅叔多方坚守，得以保全。伪侍王初三四也到了金陵。现在金陵的敌人有近二十万，已经守卫了二十天，或许可以化险为夷。现将沅叔初九、初十写给我的两封信寄回，另外还有大夫第的信，以慰家人的心。

　　鲍春霆移师驻扎距南京郡城二十里的高祖山，虽患病的官兵太多，情势十分危急，然而凯军在城主要负责防守，春霆在外主要负责作战，或许足以抵御敌人。只是宁国县城于初六失守，恐怕

敌军会猛扑徽州、旌德、祁门等城池，又担心其由小路直接窜往江西，非常令人忧虑！

我最近几天忧虑焦急，和平常的情况完全不同，与咸丰八年春天那时候相类似。大概安危之机，关系太大，不仅为自己的性命和名声考虑！但愿沅甫叔、鲍春霆两地能有幸平安无事，则其他地方还可以慢慢补救。

这封信送澄叔看看，不多说了。

猛扑徽州、旌德、祁门等城，又恐其由间道迳窜江西，殊可深虑！

余近日忧灼忧虑焦急，迥异寻常气象，与八年春间相类。盖安危之机，关系太大，不仅为一己之身名计也！但愿沅、霆两处幸保无恙，则他处尚可徐徐补救。

此信送澄叔一阅，不详。

同治元年闰八月二十四日

评析

在此之前，曾国藩的弟弟曾国荃已经率领湘军一部进驻天京南面门户雨花台。虽然湘军、淮军已经开始逐渐形成对天京的合围之势，可是一旦冒进或者防守不当，也将造成不可弥补的损失。此封信字里行间能够看出曾氏功成在即的紧张焦虑。战争越是到了最后关头，越像是投入了所有身家性命的一场豪赌，因为"不仅为一己之身名计"，这是输不起的一战。

字谕纪泽：

旬日〔十天〕未接家信，不知五宅平安如常否？

此间军事，金柱关、芜湖及水师各营，已有九分稳固可靠；金陵沅叔一军，已有七分可靠；宁国鲍、张各军，尚不过五分可靠。

此次风波之险，迥异寻常，余忧惧太过，似有怔忡〔中医上指心跳剧烈的症状。忡 chōng〕之象。每日无论有信与无信，寸心常若皇皇无主〔惶恐不安。皇，通"惶"〕。前次专虑金陵沅、季大营或有疏失，近日金陵已稳，而忧惶战栗〔颤抖〕之象不为少减，自是老年心血亏损之症。欲〔希望，想要〕尔

写信告纪泽知悉：

十天没有接到家里来信了，不知五房平安是否如常？

这里的军情，金柱关、芜湖及水师各营，已经有九分稳固可靠；金陵沅甫叔一军，已有七分可靠；宁国鲍春霆、张凯章各军，还不过五分可靠。

此次风波的险恶和以前大不一样，我担忧害怕太过，好像有点心脏跳动过急的感觉。每天无论有没有信，心中常常好像惶恐无主。之前一心担忧金陵沅甫叔、季洪叔大营有可能疏忽失误，近日金陵已经稳定，但是心中的惶惶战栗一点也没减少，自然是老年心血亏损的症状。希望你再来

军营中探一次亲，咱们父子团聚团聚，一则可能会稍微减缓一些我心跳过急的症状，二则你的学问也可以稍微精进一些。或今年冬天启程，或明年正月启程，把这些告诉你母亲和澄叔。

你在这儿住几个月回去，再让鸿儿来军营一趟。邓寅皆先生明年决定在大夫第教书，纪鸿儿跟随他学习。金二外甥有志向学，你可把他带到军营来。其他我都详细记在日记中了。此谕。

再来营中省视，父子团聚一次，一则或可少解怔忡病症，二则尔之学问亦可稍进。或今冬起行，或明年正月起行，禀明尔母及澄叔行之。

尔在此住数月归去，再令鸿儿来此一行。寅皆先生明年定在大夫第教书，鸿儿随之受业。金二外甥有志向学，尔可带之来营。余详日记中。此谕。

同治元年十月初四日

评析

军中条件艰苦，更添思乡之情。信中曾氏坦承自己"皇皇无主""似有怔忡之象"，其实曾国藩心里明白，身体的不适原因在于压力太大，加之年纪大了想家、想孩子所致。因此信中曾氏要求儿子再来军营中探一次亲，一来缓解自己的心病，二来督促儿子的学业。眷眷之心、殷殷之情跃然纸上。

字谕纪泽：

十月初十日接尔信与澄叔九月二十日县城发信，具悉五宅平安，希庵病亦渐好，至以为慰！

此间军事，金陵日就平稳，不久可解围。沅叔另有二信，余不赘_{多余}告。鲍军日内甚为危急，贼于湾沚_{zhǐ}渡过河西，梗塞霆营粮路。霆军当士卒大病之后，布置散漫，众心颇怨，深以为虑。鲍若不支，则张凯章困于宁国郡城之内，亦极可危。如天之福，宁国亦如金陵之转危为安，则大幸也！

尔从事小学、《说文》，

写信告纪泽知悉：

十月初十接到你和澄侯叔九月二十日从县城寄来的信，知道了家中五宅平安，李希庵的病也渐渐好转，非常欣慰！

这里的军事情况，南京一天比一天战事平稳，不久可以解围。你沅甫叔另有两封信，我不多说了。鲍春霆军最近非常危急，贼寇从湾沚渡过河西，切断了霆营粮草供应的道路。霆军在士兵大病之后，布置散漫，众人心中多有抱怨，我深感忧虑。鲍军如果顶不住，则张凯章困于宁国郡城内，也非常危险。如果上天保佑，宁国也如南京一样转危为安，就是很大的幸运了！

你研究小学、《说文解字》，

学习不倦怠，我非常欣慰！小学共有三大本源：讲字形的，以《说文解字》为宗。古书首推大徐、小徐两本，到了本朝则段玉裁的注释别开生面，而钱坫、王筠、桂馥的作品也可做参考。讲训诂的，以《尔雅》为宗。古书首推郭璞为《尔雅》《方言》《山海经》《穆天子传》《葬经》等的注和邢昺的《论语注疏》，本朝邵二云的《尔雅正义》、王怀祖的《广雅疏证》、郝兰皋的《尔雅义疏》都堪称是不朽的杰作。讲音韵的，以《唐韵》为宗。古书只有《广韵》《集韵》，本朝顾炎武的《音学五

行之不倦，极慰极慰！小学凡三大宗：言字形者，以《说文》为宗。古书惟大、小徐 _{徐铉和弟弟徐锴。北宋文字学家} 二本，至本朝则段氏 _{段玉裁} 特开生面，而钱坫 _{字献之，号小兰、十兰。清朝书法家、训诂学家 坫diàn}、王筠 _{字贯山，号篆友。清朝文字学家}、桂馥 _{字未谷，号雪门。清朝书法家、文字学家 馥fù} 之作亦可参观；言训诂者，以《尔雅》为宗。古书惟郭 _{郭璞。字景纯。两晋时期文学家、训诂学家} 注邢 _{邢昺。字叔明。北宋经学家。昺bǐng} 疏，至本朝而邵二云 _{邵晋涵。字与桐，号二云。清朝史学家、经学家} 之《尔雅正义》、王怀祖之《广雅疏证》、郝兰皋 _{郝懿行。字恂九，号兰皋。清朝经学家、训诂学家} 之《尔雅义疏》，皆称不朽之作；言音韵者，以《唐韵》为宗。古书惟《广韵》《集韵》，至本朝而顾氏 _{顾炎武}《音学五书》

乃为<u>不刊之典</u>不能更改或磨灭的典籍，而江慎修、戴东原、段懋堂、王怀祖、孔巽轩 孔广森。字众仲，号巽轩。清朝经学家、音韵学家。巽xùn、<u>江晋三</u> 江有诰。字晋三。清朝音韵学家 诸作，亦可参观。尔欲于小学钻研古义，则三宗如顾、江、段、邵、郝、王六家之书，均不可不涉猎而探讨之。

余近日心绪极乱，心血极亏。其慌忙无措之象，有似咸丰八年春在家之时，而忧灼过之。甚思尔兄弟来此一见，不知尔何日可来营省视。仰观天时，默察人事，此贼竟无能平之理。但求全局不遽决裂，余能速死，而不为万世所痛骂，则幸矣！

书》堪称无可挑剔的经典，而江慎修、戴东原、段懋堂、王怀祖、孔巽轩、江晋三等著作也可以做参考。你要在小学中钻研文字的古义，那么这三部古代经典和顾、江、段、邵、郝、王六家的著作，都必须深入涉猎和探讨。

我最近心绪极乱，心血大为亏损，慌慌张张手足无措的情况和咸丰八年春天在家时候差不多，忧虑焦灼比那时候更厉害。非常想你们兄弟能够来到军营和我见一面，不知道你们什么时候能来？仰观天时，默察人事，竟然没有能够平定这些贼寇的好办法。但求全局不会很快崩溃，我能快点死去，不会被万世痛骂，这就万幸了！

这封信给澄叔看一下，不另外再写了。

此信送澄叔一阅，不另致。

同治元年十月十四日

评析　　战事不利，曾氏在家信中十分痛苦和焦虑。即便如此，作为父亲的他，仍然不忘督促儿子的学业，条分缕析地向其推荐研究小学的各种经典、各家所长，如数家珍。这和那个因为战事艰难而盼望"能速死"的朝廷命官曾国藩判若两人，颇有孔子面临危险"弦歌不辍"的气度。

字谕纪泽、纪鸿：

　　日内未接家信，想五宅平安。

　　此间军事，金陵于初五日解围，营中一切平安，惟满叔有病未愈。目下危急之处有三：一系宁国鲍、张两军粮路已断，外无援兵；一系旌德朱品隆一军，被贼围扑，粮米亦缺；一系九洑_{fù}洲之贼窜过北岸，恐李世忠不能抵御。大约此三处者，断难幸全。

　　余两月以来，十分忧灼，牙疼殊甚，心绪之恶，甚于八年春在家、十年春在祁门之状。尔明年新正新年正月来此，父子一

写信告纪泽、纪鸿知悉：

　　最近没有接到家里来信，想必家中五房平安。

　　这里的军事情况，金陵于初五解围，军营中一切平安，只是你满叔患病尚未痊愈。目前，危急的地方有三个方面：一是宁国鲍春霆、张凯章两军粮草补给的道路已经被切断，外面没有援兵；二是旌德的朱品隆一军，被贼寇围攻，粮米也有短缺；三是九洑洲的贼寇窜过北岸，恐怕李世忠不能抵御。估计这三个方面，很难全部保全。

　　我两个月来十分忧虑焦灼，牙疼得很厉害，心态情绪比咸丰八年春在家、咸丰十年春在祁门的状态还差。你明年正月来军营，

我们父子谈谈心，或许可以稍稍减除心中的忧郁。

　　你最近走路，身体稍微感觉稳重点了吗？说话稍微感觉迟缓了吗？纪鸿儿最近学作试帖诗了吗？袁家女婿最近常在家待着吗？你如果来军营，或者带袁家女婿与金二外甥一起来也好。

叙，或可少纾 _{shū。缓和，解除} 忧郁。

　　尔近日走路，身体略觉厚重否？说话略觉迟钝否？鸿儿近学作试帖诗否？袁氏近常在家否？尔若来此，或带袁婿与金二外甥同来亦好。

同治元年十月二十四日

评析　　举止厚重，说话迟钝，是曾国藩对儿子曾纪泽一再叮嘱的要求。所谓"爱之深，责之切"，曾氏给儿子的家书中，几乎每隔一段时间都会刻意提醒这两个"关键词"。不管在外面如何忧虑焦灼，家人永远是最想倾诉的对象，曾氏特别盼望能和儿子早日相聚，以缓解自己近乎崩溃的心情。

字谕纪泽：

二十九接尔十月十八在长沙所发之信，十一月初一又接尔初九日一禀，并与左镜和唱酬【作诗词相互酬答】诗，及澄叔之信，具悉一切。

尔诗胎息【效法，取法】近古，用字亦皆的当【恰当，合适】。惟四言诗最难有声响，有光芒，虽《文选》韦孟【西汉诗人。刘勰说："汉初四言，韦孟首唱。"】以后诸作，亦复尔雅【典雅】有余，精光不足。扬子云之《州箴》《百官箴》诸四言，刻意摹古，亦乏作作【形容光芒四射】之光，渊渊【深广，深邃】之声。余生平于古人四言，最好韩公之作，如《祭柳子厚文》《祭张署文》《进

写信告纪泽知悉：

二十九日接到你十月十八日在长沙寄来的信，十一月初一又接到你初九写的一封信以及你与左镜和唱酬诗、澄叔的信，事情都知道了。

你写诗取法于近古，用字也都很恰当，只是四言诗最难铿锵有力，光彩照人。即使《文选》韦孟以后的诸多作品不错，也是典雅有余，光彩不足。扬子云的《州箴》《百官箴》等诸多四言诗歌，刻意模仿古诗，也缺乏闪烁的光彩、深邃的声响。我生平在古人的四言诗中最喜欢韩愈的作品，如《祭柳子厚文》《祭张署文》《进

学解》《送穷文》等四言诗，都是光如皎日，响如春雷。就是其他一些墓志铭以及文集中类似于《淮西碑》《元和圣德》等四言诗，也都是能于奇崛之中迸发出光彩。其总的来说不外乎意义层出不穷、词句雄健挺拔而已。韩愈而外，就是班孟坚《汉书·叙传》这一篇，也是四言诗中最隽永典雅的。你将此数篇熟读背诵，对四言诗的作法自然会有所领悟。

镜和的诗雅洁清润，实为家乡罕见的人才，但也少了几分雄奇变化。凡诗文要追求雄奇变化，总须在立意上有超群脱俗的想法，这样才能不落俗套。

你前一封信上说，读《马汧

学解》《送穷文》诸四言，固皆光如皎日，响如春霆。即其他凡墓志之铭词及集中如《淮西碑》《元和圣德》各四言诗，亦皆于奇崛之中迸出声光。其要_{总归}不外意义层出、笔仗雄拔而已。韩公而外，则班孟坚《汉书·叙传》一篇，亦四言中之最隽雅者。尔将此数篇熟读成诵，则于四言之道自有悟境。

镜和诗雅洁清润，实为吾乡罕见之才，但亦少奇矫之致。凡诗文欲求雄奇矫变，总须用意有超群离俗之想，乃能脱去恒蹊_{普通寻常的路径，俗套。}

尔前信读《马汧督诔》_{晋潘岳为}

马敦写的哀悼文章。汧 qiān；诔 lěi，即诔文，又称"诔
辞""诔状""诔词"，哀祭文的一种，叙述死者生平，

谓其沈郁_{深沉蕴藉}似《史记》，极是
极是！余往年亦笃好_{十分爱好}斯
篇。尔若于斯篇及《芜城赋》《哀
江南赋》《九辨》《祭张署文》等
篇吟玩不已，则声情自茂，文思
汩汩_{gǔ gǔ。比喻文思源源不断。汩汩，泉水涌出之貌}矣。

　　此间军事危迫异常，九洑
洲之贼分窜江北，巢县、和州、
含山俱有失守之信。余日夜忧
灼，智尽能索_{智慧和能力都已用尽}，一息尚存，
忧劳不懈，他非所知耳。

　　尔行路渐厚重否？纪鸿读
书有恒否？至为廑念_{勤念。廑 qín，通"勤"}！
余详日记中。

同治元年十一月初四日

督诔》感觉其深沉蕴藉有点像《史
记》，说得很对！我早年也非常
喜欢这篇文章。你如果将这一篇
以及《芜城赋》《哀江南赋》《九辨》
《祭张署文》等篇多多吟诵玩味，
自然就会声情并茂，文思滚滚而
来了。

　　这里军事情况非常凶险不同
往常，九洑洲的贼寇纷纷窜往江
北，巢县、和州、含山都有失守
的消息。我日夜忧虑焦灼，智慧
和精力都已用尽，只要一息尚存，
就忧心操劳不停，其他就不是我
所能知道的了。

　　你走路逐渐稳重端庄了吗？
纪鸿读书能坚持吗？十分惦念！
其他详情都在日记中了。

评析　　通读曾氏家书就会发现，每当指导儿子作诗、写文章，他都不是一味地训导儿子"你要如何如何"，而是开列一些好的名篇、名著推荐给儿子，供其学习鉴赏。见贤思齐，这种启发式教育，对于父母的个人修养、文化品位要求极高，能够开列出这样的书单，本身也体现出曾氏不凡的文学造诣。

字谕纪泽：

二十二三日连寄二信与澄叔，驿递长沙转寄，想俱接到。

季叔赍志_{怀抱志愿。赍jī，带着，怀抱}长逝，实堪伤悯！沅叔之意，定以季榇_{chèn。棺材}葬马公塘，与高轩公合冢_{合葬在同一个坟墓。冢zhǒng，坟墓}，尔即可至北港迎接。一切筑坟等事，禀问澄叔，必恭必悫_{què。诚实，谨慎}。俟季叔葬事毕，再来皖营可也。

尔现用油纸摹帖否？字乏刚劲之气，是尔生质短处，以后宜从"刚"字、"厚"字用功。特嘱！

同治元年十一月二十四日

写信告纪泽知悉：

二十二、二十三日连寄二信给澄叔，驿站传递到长沙再转寄，想来应该收到了。

你季洪叔怀抱着未尽的心愿长逝，真是令人伤痛！沅甫叔的意思，决定把季叔的灵柩安葬在马公塘，与高轩公合葬，你可去北港迎接。一切修筑坟茔等事情，要毕恭毕敬地向澄叔请示。等到季叔丧葬的事情结束，再来安徽军营吧。

你现在还用油纸临摹法帖吗？你的字缺乏刚劲之气，是你天生气质上的短处，以后应从"刚"字、"厚"字上用功。特此嘱咐！

評析

　　曾氏长期领兵在外，对于操办家族成员丧葬这样的大事，任务自然就落在了长子曾纪泽身上。《论语》上说"子入太庙，每事问"，自己虽然身居高位，曾国藩仍然要求儿子要毕恭毕敬地向家族长辈询问、汇报一切丧葬事宜，体现了谦逊、敬长的家风。

字谕纪泽：

　　十一日接十一月二十二日来禀，内有鸿儿诗四首。十二日又接初五日来禀，其时尔初自长沙归也。两次皆有澄叔之信，具悉一切。

　　韩公五言诗本难领会，尔且先于怪奇可骇_{hài。诧异}处、诙谐可笑处细心领会。可骇处，如咏落叶则曰"谓是夜气灭，望舒_{神话中为月神驾车的神。后成为月亮的代称}霣_{yǔn。古通"陨"，降，坠落}其圆"，咏作文则曰"蛟龙弄角牙，造次欲手揽"；可笑处，如咏登科则曰"侪辈_{同辈，朋友。侪 chái}妒且热，喘如竹筒吹"，咏苦寒则曰"羲和_{神话传说太阳的母亲，帝后之妻，生有几个太阳}送日出，恇怯

写信告纪泽知悉：

　　十一日接到十一月二十二日的来信，里面有鸿儿诗四首。十二日又接到初五的来信，那时候你刚刚从长沙回到家里。两次都有澄侯叔的信，一切都知道了。

　　韩愈的五言诗本来就很难领会，你暂且先从奇怪惊人的地方、诙谐可笑的地方细心领会。惊奇的地方，如吟咏落叶则说"谓是夜气灭，望舒霣其圆"，吟咏作文则说"蛟龙弄角牙，造次欲手揽"；可笑处，如吟咏登科则说"侪辈妒且热，喘如竹筒吹"，吟咏苦寒则说"羲和送日出，恇怯频

窥觇"。你从这些方面用心学习，可以增长才情功力，也能增添风趣。

鸿儿写的试帖诗大方而有清气，容易有所成就，这几天批改好之后就寄回去。

遵照初六皇上下的旨意，季叔被追赠为按察使，照按察使在军营病故的条例来进行抚恤，已经是非常优待了。现把谕旨抄录一份寄回家。这里定于十九日开始吊唁，二十日发引，一同送行的有厚四、甲二、甲六、葛罜山、江龙三等家族亲戚，又有随员亲兵等数十人相送，大概二月可到湘潭。葬期如定二月底或三月初，肯定不会耽误。

长江下游军事情况逐渐平

胆小怕事, 怯懦。恇 kuāng, 惊恐, 惧怕。觇 chǎn, 偷看

频窥觇 [暗中察看, 探察。]"。尔从此等处用心，可以长才力，亦可添风趣。

鸿儿的试帖大方而有清气，易于造就，即日批改寄回。

季叔奉初六恩旨，追赠按察使，照按察使军营病故例议恤，可称极优。兹将谕旨录归。此间定于十九日开吊 [丧家择吉日接待亲友来吊唁]，二十日发引 [出殡]，同行者为厚四、甲二、甲六、葛罜 zé 山、江龙三诸族戚，又有员弁 [随员文官] 亲兵等数十人送之，大约二月可到湘潭。葬期若定二月底三月初，必可不误。

下游军事渐稳，北岸萧军

于初十日克复运漕。鲍军粮路虽不甚通，而贼实不悍，或可勉强支持。

此信送澄叔一阅。另外冯春皋对一付查收。

同治元年十二月十四日

稳，北岸萧军于初十将漕运的通道收复了。鲍春霆粮食补给通道虽然还没有完全打通，但贼寇其实并不凶悍，也许还可以勉强支持。

这封信送给澄叔一看。另外还有冯春皋的一副挽联查收。

曾氏经常在家书中点评古今名家妙处，读来令人耳目一新。此封信中，他教育儿子作五言诗要多学习和领会韩愈的精髓。学习作诗、写文章的过程，也是提升自我审美能力和人格情操的过程。

下卷

字谕纪泽：

萧开二来，接尔正月初五日禀，得知家中平安。

罗太亲翁仙逝，当寄奠仪五十金、祭幛^{祭奠用的挽幛}一轴，下次付回。

罗婿性情乖戾，与袁婿同为可虑，然此无可如何^{没有什么办法}之事。不知平日在三女儿之前亦或暴戾不近人情否？尔当谆嘱三妹柔顺恭谨，不可有片语违忤^{违背，不顺从。忤wǔ}三纲之道：君为臣纲，父为子纲，夫为妻纲。是地维^{古时以为大地四方，四角有大绳维系，故称地维}之所赖以立，天柱^{古人认为，天有八柱支撑，故称天柱}之所赖以尊。故《传》曰："君，天也。父，天也。夫，

写信告纪泽知悉：

萧开二来军营，接到了你正月初五的信，得知家中平安。

罗太亲家公逝世，应寄礼金五十两银子，挽幛一轴，下次交人寄回去。

罗氏女婿性情古怪反常，跟袁家女婿一样让人忧虑，但这也是没有什么办法的事。不知道平时他在三女儿面前是不是也暴戾不近人情？你应当谆谆叮嘱三妹要对丈夫温柔顺从、恭敬谨慎，一句话都不能顶撞。三纲之道：君为臣纲，父为子纲，夫为妻纲，此三纲，天地赖以支撑与维系。所以《传》说："君主是天，父亲是天，丈夫是天。"《仪礼》

的"记"语说："君主和丈夫是最尊贵的。君主即使不仁义，臣子不可以不忠诚；父亲即使不慈爱，儿子不可以不孝顺；丈夫即使不贤能，妻子不可以不顺从。"我们家读书做官，世代遵守礼义，你应当告诫大妹、三妹忍耐顺从。

我给几个女儿的嫁妆都很少，但如果闺女将来真的贫困，我肯定会周济和养活她们。目前，陈家略微衰败困窘，袁家、罗家并不担心贫困的问题。你应当谆谆劝导各位妹妹，要以能够忍耐劳苦、委屈为重。我做官多年，也常在"耐劳忍气"四字上下功夫。

这里近来平安。自从鲍春霆正月初六在泾县打过一仗后，各

天也。"《仪礼》记曰："君至尊也，夫至尊也。君虽不仁，臣不可以不忠；父虽不慈，子不可以不孝；夫虽不贤，妻不可以不顺。"吾家读书居官，世守礼义，尔当告诫大妹、三妹忍耐顺受。

吾于诸女妆奁甚薄，然使女果贫困，吾亦必周济而覆育_{抚养，养育}之。目下陈家微窘，袁家、罗家并不忧贫。尔谆劝诸妹，以能耐劳忍气为要。吾服官多年，亦常在"耐劳忍气"四字上做工夫也。

此间近状平安。鲍春霆正月初六日泾县一战后，各处未

再开仗。春霆营士气复旺，米粮亦足，应可再振。伪忠王 _{指太平天国将领李秀成} 复派贼数万续渡江北，非希庵 _{李续宜。字克让，号希庵。湘军将领} 与江味根 _{江忠义。字味根。湘军将领} 等来，恐难得手。

余牙疼大愈，日内将至金陵一晤沅叔。

此信送澄叔一阅，不另致。

同治二年正月二十四日

处没有再开战。春霆的部队士气恢复旺盛，米粮也充足，应该可以重振军威。伪忠王又派了贼寇几万人陆续渡往江北，希庵与江味根等如不到来，我军恐怕很难得手。

我牙疼好了大半，最近将到金陵和你沅甫叔见一面。

此信送给澄侯叔一阅，不另外给他写信了。

字谕纪泽：

二月二十一日，在运漕行次 _{旅途暂居之所}，接尔正月二十二日、二月初三日两禀，并澄叔两信，具悉家中五宅平安。大姑母及季叔葬事，此时均当完毕。

尔在团山嘴桥上跌而不伤，极幸极幸！闻尔母与澄叔之意欲修石桥，尔写禀来，由营付归可也。《礼》云："道而不径，舟而不游。"古之言孝者，专以保身为重。乡间路窄桥孤，嗣后 _{以后。嗣sì} 吾家子侄，凡遇过桥，无论轿马，均须下而步行。

吾本意欲尔来营见面，因

写信告纪泽知悉：

二月二十一日，在运漕旅舍，接到你正月二十二、二月初三两封信和澄叔两封信，知道家中五宅平安。大姑母和季洪叔丧葬的事情，此时应该都办完了。

你在团山嘴桥上摔了一跤而没有受伤，极为万幸！你说你母亲和澄侯叔的意思想要修座石桥。你写一封信来，可由我从军营寄钱回去。《礼记》说："走大路不要走小路，坐船而不淌水。"古人讲孝道，以保重自己的身体为重。乡间的路、桥较窄，以后咱们家的子侄辈，凡遇到过桥，无论乘轿还是骑马都要下来步行。

我本来想让你来军营和我见

面，但因为路途遥远有危险，所以又不希望你来。暂且等到九月霜降水位下降，风浪稳定，再给你寄信确定。目前，你在家饱览群书，同时主持家中事务。身处乱世而能获得一些宽闲的时间是千难万难的事情，你切莫错过这大好光阴！

我十六日自金陵开船沿江而上，沿途查看了金柱关、东西梁山、裕溪口、运漕、无为州等地方，军心都比较稳固，布置也还妥当，只是兵力处处单薄，不知道是否足以抵御贼寇进犯。我再到青阳走一趟，月底可以回到省城。南岸战事最近也很吃紧。广德州两股匪寇窜扑到徽州，古隆贤、赖文鸿等股匪寇窜扰青阳，他们的目的都在于直接进犯江西以补充

远道风波之险，不复望尔前来。且待九月霜降水落，风涛性定，再行寄谕定夺。目下尔在家饱看群书，兼持门户。处乱世而得宽闲之岁月，千难万难，尔切莫错过此等好光阴也。

余以十六日自金陵开船而上，沿途阅看金柱关、东西梁山、裕溪口、运漕、无为州等处，军心均属稳固，布置亦尚妥当，惟兵力处处单薄，不知足以御贼否。余再至青阳一行，月杪^{即月末。杪 miǎo，树木末端，引申为末}即可还省。南岸近亦吃紧。广匪两股窜扑徽州，古、赖^{指太平天国军将领古贤隆、赖文鸿}等股窜扰青阳，其志皆在直犯江西以营^{谋求}一饱，殊为

可虑！

澄叔不愿受沅之<u>眦封</u>旧时官员以自身所受的封爵名号呈请朝廷移授给亲族尊长。眦 yí，通"移"，余当寄信至京，停止此举，以成澄志。

尔读书有恒，余欢慰之至！<u>第</u>只是所阅日博，亦须札记一二条以自考证。

脚步近稍稳重否？常常留心。此嘱。

同治二年二月二十四日，泥汉舟次

年粮，很值得忧虑！

澄侯叔不愿意接受沅甫叔转赠的封号，我会寄信给北京，停止这个做法，以成全澄叔的愿望。

你读书有恒心，我非常高兴欣慰！只是你所读的书逐渐多了，也需要做一两条笔记以备自己将来考证查询。

脚步最近稍微稳重了吗？要常常留心。此嘱。

虽然在督促学业、嘱告修身方面曾是一个"严父"，但一听说儿子过桥摔了一跤，曾氏马上显示出了"慈父"的一面，十分担心儿子的身体情况，提醒家族人以后在乡间走路过桥都要从轿子和马匹上下来步行。安全教育也是家庭教育的一个重要方面，曾氏引用古代经典中"道而不径，舟而不游"的典故，向儿子阐述了"身体发肤，受之父母，不敢毁伤，孝之始也"这个道理。

字谕纪泽：

接尔二月十三日禀，并《闻人赋》一首，具悉家中各宅平安。

尔于小学训诂颇识古人源流，而文章又窥见汉魏六朝之门径，欣慰无已！余尝怪_{奇怪}国朝大儒，如戴东原、钱辛楣、段懋堂、王怀祖诸老，其小学训诂实能超越近古，直逼汉唐，而文章不能追寻古人深处，达于本而阂_{hé。阻隔不通}于末，知其一而昧_{不明白}其二，颇觉不解。私窃_{我私下}有志，欲以戴、钱、段、王之训诂，发为班_{班固}、张_{张华。字茂先。西晋文学家、藏书家}、左_{左思}、郭_{郭璞}之文章（晋

写信告纪泽知悉：

接到你二月十三日的来信，还有《闻人赋》一篇，知道了家中各宅平安。

你在小学训诂方面已经很能辨识古人源流，而写文章又掌握到了汉魏六朝文章的门径，欣慰不止！我常常奇怪我朝大儒，如戴东原、钱辛楣、段懋堂、王怀祖这些老前辈，他们的小学训诂造诣确实已经能超越近古，接近汉唐，然而写文章却不能追寻到古人的深邃之处，认识其根本却生疏于枝叶，只知其一不知其二，我很不能理解。我暗暗立志，要以戴、钱、段、王的训诂为基础，写出班固、张华、左思、郭璞那

样的文章（晋朝人左思、郭璞对语言文字的造诣最深，文章也十分接近两汉，潘岳、陆机比不上），可惜长期带兵打仗，这个愿望没有能够实现。如果你们能够完成我未竟之志，那么再也没有比这更大的乐事了！这几天就批改完寄回去。

你既然掌握了这个门径，以后更应当专心致志，以精确的训诂，写出古雅雄厚的文章。从班、张、左、郭，上到扬雄、司马迁，而至《庄子》《离骚》，再到六经，全都息息相通。下至潘岳、陆机，到任昉、沈约，再到江淹、鲍照、徐陵、庾信，则辞藻越来越纷繁，气韵却越来越单薄，因之训诂之道逐渐衰微了。直到韩昌黎横空出世，才由班固、张华、扬雄、司马迁而上升到六经，其训诂的造诣也非常精深。你试看

人左思、郭璞小学最深，文章亦逼两汉，潘_{潘岳}、陆_{陆机}不及也），久事戎行，斯愿莫遂。若尔曹能成我未竟之志，则至乐莫大乎是！即日当批改付归。

尔既得此津筏_{渡人过河的木筏。这里比喻引导到达目的的门径}，以后更当专心一志，以精确之训诂，作古茂_{古雅美盛}之文章。由班、张、左、郭上而扬_{扬雄}、马_{司马迁}而《庄》《骚》，而六经，靡不息息相通。下而潘、陆，而任_{任昉}、沈_{沈约}，而江_{江淹}、鲍_{鲍照}、徐_{徐陵}、庾_{庾信}，则词愈杂，气愈薄，而训诂之道衰矣。至韩昌黎出，乃由班、张、扬、马而上跻_{跻，登，升}六经，其训诂亦甚精当。尔试

观《南海神庙碑》《送郑尚书序》诸篇，则知韩文实与汉赋相近，又观《祭张署文》《平淮西碑》诸篇，则知韩文实与《诗经》相近。近世学韩文者，皆不知其与扬、马、班、张一鼻孔出气。尔能参透此中消息_{变化}，则几_{差不多}矣。

尔阅看书籍颇多，然成诵者太少，亦是一短。嗣后宜将《文选》最惬意_{称心，满足。惬qiè，畅快}者熟读，以能背诵为断_{区分，划分}。如《两都赋》《西征赋》《芜城赋》及《九辩》《解嘲》之类皆宜熟读。《选》后之文如《与杨遵彦书》（徐）、《哀江南赋》

《南海神庙碑》《送郑尚书序》等文章，就会知道韩愈的文章其实与汉赋相近，再看《祭张署文》《平淮西碑》等文章，就会知道韩愈的文章其实更与《诗经》相近。近代以来学习韩愈文章的人都不能认识到他是与扬雄、司马迁、班固、张华一脉相承。你能参透其中的源流变化，就差不多了。

你看的书很多，然而能够背诵的太少，也是一个短处。以后最好将《文选》中最称心的文章熟读，以到能够背诵为止。如《两都赋》《西征赋》《芜城赋》以及《九辩》《解嘲》等文章都要熟读。《文选》后的文章如《与杨遵彦书》（徐陵）、《哀江南赋》（庾信）也应该熟读。还有经世致用的文章，如马贵与《文献通考序》二十四首，天文如丹元子的《步天歌》（《文献通考》刊载，《五礼通考》刊载），地理如顾祖禹的《州域形势叙》（见《方舆纪要》首数卷，低一格的不必读，高一格的可以读，那些排列州郡的没有文采的文章也不要读）。以上所选文七篇三种，你与纪鸿儿都应当用手抄写下来熟读，互相背诵。将来父子相见，我也要考核你们背诵的成效。

你准备在四月来安徽，我也希望你来，可以教你写文章。只

（庚）亦宜熟读。又经世之文，如马贵与_{马端临。字贵与，号竹洲。宋元之际历史学家}《文献通考序》二十四首，天文如丹元子_{王希明。号丹元子。唐朝方士，长于天文术数}之《步天歌》（《文献通考》载之，《五礼通考》载之），地理如顾祖禹_{字复初，一字景范。清朝地理学家、史学家}之《州域形势叙》（见《方舆纪要》首数卷，低一格者不必读，高一格者可读，其排列某州某郡无文气者，亦不必读）。以上所选文七篇三种，尔与纪鸿儿皆当手钞熟读，互相背诵。将来父子相见，余亦课_{考核}尔等背诵也。

尔拟以四月来皖，余亦甚望尔来，教尔以文。惟长江风波，

颇不放心，又恐往返途中抛荒学业。尔禀请尔母及澄叔酌示。如四月起程，则只带袁婿及金二甥同来；如八九月起程，则奉母及弟妹妻女合家同来。到皖住数月，孰归孰留，再行商酌。

目下皖北贼犯湖北，皖南贼犯江西。今年上半年必不安静，下半年或当稍胜。尔若于四月来谒，舟中宜十分稳慎；如八月来，则余派大船至湘潭迎接可也。

余详日记中。尔送澄叔一阅，不另函矣。

同治二年三月初四日

是长江风高浪急，我很不放心，又担心你往返途中荒废了学业。你向母亲和澄叔禀告，请示他们看怎么安排。如果四月起程，则只带袁家女婿和金二外甥一起来；如果八九月起程，则带上你母亲和弟妹妻女全家同来。到安徽住几个月，谁回、谁留下再商量斟酌。

目前，安徽北部的贼寇进犯湖北，安徽南部的贼寇进犯江西。今年上半年肯定不安宁，下半年或许稍好些。你如果在四月来看我，坐船一定要十分小心谨慎；如果八月来，那我可以派大船到湘潭迎接你。

其余的详见日记所述。此信你送澄侯叔看看，不另外写了。

评
析

　　作为"道德文章冠冕一代"的历史人物，曾国藩的古文造诣向来为世人所推崇。他教育儿子学习写文章有一套独特的方法，简单来说就是以清朝深厚扎实的训诂学为基础，写汉唐气象的文章。为了达到这一目的，曾氏要求儿子不但要将他推荐的名篇名作读熟，还要能够背诵，将来父子见面还要"检查课业"。这种强调"诵读"的学习方法，至今看来，仍是学习中国古代文学的切近门径。

字谕纪泽：

　　顷接尔禀及澄叔信，知余二月初四在芜湖下所发二信同日到家，季叔与伯姑母葬事皆已办妥。尔自楮(zhū)山归，俗务应稍减少。

　　此间近日军事最急者惟石涧埠毛竹丹、刘南云营盘被围。自初三至初十，昼夜环攻，水泄不通。次则黄文金大股由建德窜犯景德镇。余本檄(xī。用檄文征召) 鲍军救援景镇，因石润埠危急，又令鲍改援北岸。沅叔亦拨七营援救石涧埠。只要守住十日，两路援兵皆到，必可解围。又有捻匪由湖北下窜，安庆必须

写信告纪泽知悉：

　　最近接到你和澄叔的信，知道我二月初四在芜湖所寄出的两封信同一天到家，季叔与伯姑母丧葬的事情都已经办妥了。你从楮山刘氏那里回来后，日常事应会减少一些。

　　这里最近军事形势最紧急的地方只有石涧埠毛竹丹、刘南云的营盘被包围，从初三到初十，被昼夜围攻，水泄不通。其次，黄文金率领大股匪寇由建德窜犯景德镇，我本来发公文给鲍春霆军救援景德镇，但因为石涧埠情势危急，又改令鲍军增援北岸。沅甫叔也派出七个营援救石涧埠。只要守住十日，两路援兵都赶到，一定可以解围。又有捻军匪寇由湖北顺江而下，安庆必须安排守

城事宜。各路大军须互相警戒，应接不暇，所幸身体平安，尚可支持。

《闻人赋》圈批之后寄还给你。你能心志高尚、仰慕古人，我很欣慰！纪鸿是否很好学？你说话走路，和往年相比较迟缓稳重些了吗？

寄回去高丽参一斤，备家中不时之需。又寄回十两银子，你委托楮山为我买好茶叶若干斤。去年寄来的茶不是很好。

此信送给澄叔看一看，不另外寄了。

奏章谕旨一本查收。

安排守城事宜。各路交警互相警戒，应接不暇，幸身体平安，尚可支持。

《闻人赋》圈批发还。尔能抗心希古 _{语出嵇康《幽愤》："抗心希古，任其所尚。"抗心，使志向高尚；希古，追慕古人。指以古代的贤人为榜样}，大慰余怀！纪鸿颇好学否？尔说话走路，比往年较迟重否？

付去高丽参一斤，备不时之需。又付银十两，尔托楮山为我买好茶叶若干斤。去年寄来之茶不甚好也。

此信送与澄叔一看，不另寄。

奏章谕旨一本查收。

同治二年三月十四日

　　"抗心希古"是曾氏一直希望儿子能够达到的境界。尽管军情紧急，心智操劳，曾国藩仍然按时给儿子圈阅批改功课，纠正、督促儿子说话、走路等点滴"小节"，足以看出身为父亲言传身教的良苦用心。

写信告纪泽知悉：

接到你的信，知道家中五宅平安，子侄们读书能持之以恒，感到欣慰。

你问今年是否应该去参加科考，你既然作为秀才，凡是每年科考，都应前往入场考试。这既是朝廷的规定，也是士子的分内之事。只是你年纪太轻，我不放心。若邓老师能陪你进省送考，则你凡事能有个人汇报请教，这样就很好！如果邓老师不能去省城，那么你或者与易芝生先生一起去，或跟随罜山、镜和、子祥等先生结伴一起去，总之得要有一个老成的人照应一切才比较稳妥。你最近还常作试帖诗吗？考试的时候仔细检查一遍，平仄不要有错

字谕纪泽：

接尔禀件，知家中五宅平安，子侄读书有恒，为慰。

尔问今年应否往应科考，尔既作秀才，凡岁科考，均应前往入场。此朝廷之功令（劝学提拔人才的法令），士子之职业（分内应当做的事）也。惟尔年纪太轻，余不放心。若邓师能晋（进）省送考，则尔凡事有所禀承，甚好！甚好！若邓师不赴省，则尔或与易芝生先生同往，或随罜山、镜和、子祥诸先生同伴，总须得一老成（老练成熟，阅历多而练达世事）者照应一切，乃为稳妥。尔近日常作试帖诗否？场中细检一番，无错平仄（平声和仄声。指诗文的韵律格式。仄zè），无错抬头（旧时书信、

公文的行文格式。即遇到对方的名称或有关皇帝、本朝等字，为表示尊敬而另起一行书写 也。

此次未写信与澄叔，尔为禀告。

同治二年五月十八日

误，抬头不要写错。

此次没有给你澄侯叔写信，你给禀告一声吧。

孩子赶赴科场考试，曾氏信奉"家有一老，如有一宝"，属意让一个老成持重的长者去送考，这样遇到一些事情可以给年轻的孩子一些指引。尽管以现在的眼光看，八股取士有许多值得批判的地方，但信中还是可以看出曾氏对孩子的考试十分牵挂，连考场之上要检查平仄和抬头这样的细节都叮嘱得非常仔细。

丹阁十叔大人阁下：

前日接到您的信，知道您身体健康，全家都平安多福，感到十分高兴！

这里的军情，自去年秋天到今年春天，险象环生。四月以后，相继收复了巢湖、和州、江浦、浦江，夺回了九洑洲的重要关隘，江北敌人已经肃清，大局极有转机。不料苗沛霖又再次反叛，占据了数座城池。一波未平，一波又起，各军又发生了严重的传染病，相继死亡的人数几乎与去年秋天相等。军费奇缺，连购医药的钱都没有。茫茫天意，不知道什么时候才能达成心愿平定战乱！

侄子我身体还平安，牙齿脱落一个，其他的牙齿也活动了。

丹阁十叔大人阁下：

前奉赐函，敬审（知道）福履（福禄）康愉，阖潭（书信用语，指全家。阖hé，总、全）多祜（hù。大福），至为庆慰！

此间军事，自去秋以至今春，危险万状。四月以后，巢、和、二浦次第克复，夺回九洑洲要隘，江北肃清，大局极有转机。不料苗逆（指苗沛霖）复叛，占据数城。一波未平，一波复起，而各军疾疫大作，死亡相属（相连，相继。属zhǔ），几与去秋相等。饷项（军费）奇绌（chù。不足），医药无资。茫茫天意，不知何日果遂（如愿以偿）厌（压制，抑制）乱也！

侄身体粗适，牙齿脱落一个，余亦动摇不固。此外视听眠食，未改五十以前旧态。自以菲材[菲才，浅薄的才能。多用于自谦]，久窃高位，兢兢栗栗[jīng jīng lì lì。战栗，恐惧。兢，小心，谨慎；栗，因害怕而肢体颤动]，惟是不贪安逸，不图丰豫[富盛安逸]，以是报圣主之厚恩，即以是稍惜祖宗之余泽。

上年恭遇两次覃恩[指帝王的封赏]，已将本身应得封典，弛封伯祖父重五公暨中和公、伯祖母彭太夫人暨萧太夫人。兹将诰轴[封赏诰文]专盛四送回，即求告知任尊叔及芝圃、荣发、厚一、厚四诸弟，敬谨收藏。焚黄[旧时品官新受恩典，祭告家庙祖墓，告文用黄纸书写，祭毕即焚去，谓之焚黄。后亦称祭告祀文为焚黄]告墓[祭告家庙祖墓]之日，子姓[子孙后辈]悉与于祭。兹各寄二十金，少助祭席之资。又参枝、

除此之外，吃饭、睡觉、听力、视觉和五十岁以前的状态差不多。我自认为才能浅薄，长久占据高位，战战兢兢，只是不贪图安逸，不谋求富盛，以此来报答圣主的厚恩，也是珍惜祖宗留下来的福泽。

去年受到皇帝两次的封赏，已将自身应得的封典，求朝廷转封给伯祖父重五公和中和公、伯祖母彭太夫人和萧太夫人。现将皇上敕封的卷轴专盛四个箱盒送回，请您告知任尊叔以及芝圃、荣发、厚一、厚四等弟弟，恭敬谨慎地收藏好。等到焚烧黄纸祭告家庙祖墓的时候，子孙后辈都要去参与祭祀。现给每家各寄去二十两银子，略帮祭祀的费用。

又寄去参枝、对联、书帖等小件，略奉心意，恭请您收下！

左君采办硝土的事情，因为采办的人在各县挖墙拆屋，纷纷遭到当地人举报。东征局、司道于是上奏请一律归于官方办理，不仅不能增添新的委派人员，而且此前奉旨办事的人员也必须一一撤回，所以没能照办。但这么多人借凑本钱，分头采办硝土，因此事导致半途而废，难免吃亏。我已经写信和东局主事者沟通，希望酌情调剂一下，尽量别让这些采办人亏本。

对联、书帖等微物，略将_{奉献，奉呈}鄙忱^{微薄的情意。谦辞，}，伏乞^{向尊者恳求。敬词}哂存^{笑纳。微笑着收下。用于请人收下礼物的客套话。哂 shěn，微笑}！

左君办硝^{土硝，俗名火硝。制造火药的原料}之事，因采办诸人在各县挖墙拆屋，纷纷酿成控案。东征局、司道乃详请概归官办，不特不能添新委员，即前此给札者^{指奉令办事人员。给札，朝廷对文士的特殊礼遇。给 jǐ}，亦须一一撤回，是以未能照办。但诸人借凑本钱，分途采买，因此半途而废，不免吃亏。侄已函告东局主事者，酌量调剂，不令亏本矣。

同治二年七月十二日

这是一封曾国藩写给家族长辈的信，言词极为谦卑恭谨。无论是赐封恩典还是寄送礼金，不仅事情办得极为漂亮，且遣词造句十分妥帖。即便办不成的事情，也详细说明原因，报告自己所做的努力。所谓"家和万事兴"，尽管身居高位，曾氏却不在家族之中流露稍许骄纵之色，殊为难得。

写信告纪鸿知悉：

接到你澄叔七月十八日的信，以及你寄给泽儿的一封信，知道你将携母亲于八月十九日启程来安徽，并且和三女儿与罗家女婿一同前来。

现在金陵还未收复，安徽省长江两岸群盗如毛，你母亲和四女儿等姑嫂来这里，并不是久住的局势。大女儿理应在袁家侍奉婆婆尽孝，本不应该一起来安庆，因大女婿袁榆生在此，所以我没有写信阻止大女儿前来。三女儿与罗家女婿更应待在家侍奉婆婆母亲，就不要一起来了。我每每见到嫁出去的女儿贪恋娘家富贵而忘记孝顺公婆的，以后肯定没有好处。我们家的闺女，都应当教导她们孝顺公婆，恭敬侍奉丈

字谕纪鸿：

接尔澄叔七月十八日信，并尔寄泽儿一函，知尔奉母于八月十九日起程来皖，并三女与罗婿一同前来。

现在金陵未复，皖省南北两岸群盗如毛，尔母及四女等姑嫂来此，并非久住之局。大女理应在袁家侍姑_{婆婆}尽孝，本不应同来安庆，因榆生_{大女婿袁榆}在此，故吾未尝写信阻大女之行。若三女与罗婿，则尤应在家事姑事母，尤可不必同来。余每见嫁女贪恋母家富贵而忘其翁姑_{公婆}者，其后必无好处。余家诸女，当教之孝顺翁姑，敬事

丈夫，慎无重母而轻夫家，效浇俗 <small>浮薄的社会风气</small> 小家 <small>低微人家，贫贱人家</small> 之陋习也。

三女夫妇，若尚在县城、省城一带，尽可令之仍回罗家奉母奉姑，不必来皖；若业已开行，势难中途折回，则可同来安庆一次，小住一月二月，余再派人送归。

其陈婿与二女，计必在长沙相见，不必带之同来。俟此间军务大顺，余寄信去接可也。

同治二年八月初四日

夫，千万注意不要重母家而轻夫家，效法那些轻浮庸俗的小户人家的陋习。

三女儿夫妇，如果尚在县城、省城一带，就让他们仍回罗家去侍奉公婆，不必来安徽；如果已经上路了，中途势必很难返回去，那么可同来安庆一次，小住一两个月，我再派人把他们送回去。

陈家女婿与二女儿，估计肯定在长沙才能相见了，不必带他们同来。等到这里军情比较顺利了，我寄信去接他们。

评
析

不得不说，男尊女卑的思想，是曾氏家庭教育的一个历史局限。当得知自己儿子要带欧阳夫人和女儿女婿一起来军营探视自己时，曾国藩立刻写信阻止女儿前来，理由是嫁出去的闺女就应该安守本分在丈夫家侍奉公婆。当然其中也有教育女儿不要贪恋娘家富贵的正面意义，但父女分别多日竟不让来探视，多少还是有些不近人情。

写信告纪鸿知悉：

你于十九日从家中出发，想必九月初就可以从长沙坐船往东走了。船上有大帅字旗，我不在船上不可误挂。经过府县各城，能回避的尽量避开，不可惊动当地的官员，麻烦别人应酬。

我最近平安。沅叔及纪泽等在金陵也平安。此谕。

字谕纪鸿：

尔于十九自家起行，想九月初可自长沙挂帆东行矣。船上有大帅字旗，余未在船，不可误挂。经过府县各城，可避者略为避开，不可惊动官长，烦人应酬也。

余日内平安。沅叔及纪泽等在金陵亦平安。此谕。

同治二年八月十二日

此信虽短，但可以看出曾氏家风甚严，不许儿子拉大旗作虎皮，借着自己的名头沿途惊扰地方官员。这对于当今动辄叫嚣"我爸是某某某"的"官二代""富二代""星二代"的家长们无疑是一个很好的示范。

字寄纪瑞_{曾纪瑞。曾国荃长子} 侄左右_{旧时书信开头时称呼对方，意思}
是不敢直呼其人，只能称
其左右之人，表示恭敬：

前接吾侄来信，字迹端秀，知近日大有长进。纪鸿奉母来此，询及一切，知侄身体业已长成，孝友谨慎，至以为慰！

吾家累世_{祖祖辈辈}以来，孝弟_{亦作"孝悌"。孝顺父母，敬爱兄长}勤俭。辅臣公以上，吾不及见。竟希公、星冈公皆未明即起，竟日无片刻暇逸_{悠闲逸乐}。竟希公少时，在陈氏宗祠读书，正月上学，辅臣公给钱一百为零用之需。五月归时，仅用去一文_{铜钱上铸有文字，故称一枚铜钱为一文}，尚余九十九文还其父。其俭如此！星冈公当孙入翰林之后，犹亲自种菜

信告纪瑞侄子知悉：

前几日接到侄子你的来信，字迹端庄秀丽，知道你最近写字大有长进。纪鸿陪母亲来这里，我询问家里的事情，得知侄子你身体已经长成，孝敬父母，友于兄弟，做事谨慎，我很欣慰！

咱们家世世代代孝悌勤俭。辅臣公以上的先辈，我没能见到。竟希公、星冈公都是天不亮就起床，整天没有片刻悠闲逸乐。竟希公年少时在陈氏宗祠读书，正月开学，辅臣公给他一百枚铜钱作零用，五月回家时仅用了一文，尚余九十九文还给父亲。他节俭到这个地步！星冈公在他孙辈入翰林之后，仍然亲自种菜收粪。

我父亲竹亭公的勤俭你们都看到过。我们家境虽然逐渐宽裕，你与诸兄弟切不可忘了先祖的艰难，有福分不可享尽，有权势不可用尽。"勤"字的素养，第一贵早起，第二贵有恒；"俭"字的素养，第一不要穿着华丽衣服，第二不要过多地用仆人、婢女和雇工。大凡将相、圣贤、豪杰都不是天生的，只要人肯立志，都可以做得到。侄儿们身在最顺遂的环境，正是年轻有为的时候，明年又跟从最好的老师学习。只要立下坚定的志向，什么事做不成？什么样的人不能当？愿你们早早努力！

凭借上代功勋而取得监生资格还算正途功名，可以考御史。

收粪。吾父竹亭公之勤俭，则尔等所及见也。余家中境地虽渐宽裕，侄与诸**昆弟**兄和弟。昆，兄切不可忘却先世之艰难，有福不可享尽，有势不可使尽。"勤"字工夫，第一贵早起，第二贵有恒；"俭"字工夫，第一莫着华丽衣服，第二莫多用仆婢雇工。凡将相无种，圣贤豪杰亦无种，只要人肯立志，都可做得到的。侄等处最顺之境，当**最富之年**少壮之时，明年又从最贤之师，但须立定志向，何事不可成？何人不可作？愿吾侄早勉之也！

荫生封建时代，不通过考试而是凭借上代功勋取得监生资格的官员子弟 尚算**正途**清代官员的出身，有正途、杂流之分。由进士、举人、五贡（恩贡、拔贡、副贡、岁

贡、优贡）与萌生而做官的，称正途；由捐纳、议叙做官的，称杂流

功名，可以考**御史** 即监察御史。负责对官员的检举纠察。待侄十八九岁，即与纪泽同进京应考。然侄此际专心读书，宜以八股试帖为要，不可专**恃** shì。依赖，仗着萌生为基，总以乡试、**会试** 明清时，由各省举人参加的、皇帝钦派总裁主持的礼部考试能到榜前，益为门户之光。

纪官 曾纪瑞之弟闻甚聪慧，侄亦以"立志"二字兄弟互相劝勉，则日进无**疆** 无限矣。顺问近好。

同治二年十二月十四日

等到你十八九岁，就与纪泽一同进京应考。但是这一段时间你要专心读书，应该以八股和试帖诗为重点，不可仗着有萌生的基础不努力，还是要参加乡试、会试，能榜上有名，更加为门户增光。

听说纪官非常聪明，你应该以"立志"二字来和兄弟互相劝勉，则每天会取得无限的进步。顺问近好。

评析

这是曾氏写给晚辈子侄的一封信，比起写给儿子的满纸净言，这封信的语气缓和了许多，措辞多以鼓励和劝勉为主。即便如此，曾氏还是严肃认真地重申了重视勤俭的家风，告诫侄子要早起床、有恒心，不穿华丽衣服、不用多余雇工，不能仗着上代有功勋就不努力，还是要立志争取科场考试榜上有名，为家族争光。

字谕纪泽：

二十四日申正之禀，二十六申刻接到。余于二十五日巳刻抵金陵陆营，**文案**明清两代在官衙中起草文书、掌管档案的幕僚各船亦于二十六日申刻赶到。

沅叔湿毒未愈，而精神甚好。伪忠王曾亲讯一次，拟即在此杀之。由安庆**咨行**清制，督抚大员上奏朝廷的重要军政奏摺，须将主要内容行文通知相关的平行官员，叫作"咨行"各处之**摺**zhé。用纸叠起来的册子，在皖时未办咨札稿，兹寄去一稿。若已先发，即与此稿不符，亦无碍也。刻折稿寄家可一二十分，或百分亦可。沅叔要二百分，宜先尽沅叔处，此外各处不宜多散。

写信告纪泽知悉：

二十六日中时正刻接到你二十四日中时寄来的信。我在二十五日巳时抵达金陵陆军军营，文案处的各船也于二十六日申时赶到。

你沅甫叔的湿毒还没有痊愈，但精神很好。伪忠王我曾亲自审讯了一次，准备就在金陵把他杀掉。由安庆发往各地的询问情况的摺子，在安徽时没有做成咨文、札稿，现给你寄去一稿。如果之前发出去的与此稿不符，也没什么妨碍。你刻印折稿，往家里可以寄一二十份，或者百份也行。你沅甫叔要二百份，应该满足沅叔那里，此外各处不宜多散发。

这次让王洪陞坐轮船于二十七日回到安徽，以后送包封的人仍然坐舢板回去。你给我寄包封每天只能送一次，不能再多了。你一切以"勤谦"二字为主。至嘱。

刚才看到安庆寄来的咨文稿子很好，我这里写的咨文稿子不用了。

此次令王洪陞 shēng 坐轮船于二十七日回皖，以后送包封 包裹文件 者，仍坐舢板 近海或江河上用桨划的小船。舢 shān 归去。包封每日止送一次，不可再多。尔一切以"勤谦"二字为主。至嘱。

顷见安庆付来之咨行稿甚妥，此间稿不用矣。

同治三年六月二十六日，酉刻

原文

字谕纪泽：

日内北风甚劲，未接包封及尔禀，余亦未发信也。

伪忠王自写亲供，多至五万余字。两日内看该酋（qiú。部落首领）亲供，如校对房本（即坊本。民间书坊刻印的书）误书，殊费目力。顷始（刚刚才）具奏（详尽上奏）洪、李二酋处治之法。李酋已于初六正法，供词亦钞送军机处（清朝辅佐皇帝处理军国大事的特设政务机构）矣。

沅叔拟于十一二等日演戏请客，余亦于十五前起程回皖。

日内因天热事多，尚未将江西一案（指江西督粮道周汝笃向朝廷告南康知县石昌歊祖匪杀良一案。朝廷命曾国藩查办。结案时，曾国藩奏称江西巡抚沈葆桢处理不当，"非寻常疏忽可比"）出奏（向皇帝上奏章陈事）。计非五日不能核定此稿。老年

导读

写信告纪泽知悉：

最近北风刮得很厉害，没有接到包裹和你的信件，我也没有给你寄信。

伪忠王李秀成自己写的供书，有五万多字。这两天看该匪首的亲笔供述，像校对坊本误字，非常费眼力。最近才详细上奏洪仁达、李秀成二匪首处治的办法。李秀成已于初六处死，供词也抄送军机处了。

你沅甫叔打算于十一、十二日请戏班子唱戏请客，我也于十五日前启程回安徽。

最近几天因为天气热事情多，尚未将江西那个案子上奏章上报。估计没有个五天不能核定这个稿

子。年纪大了怕热，也害怕公务的繁难。

我以后来金陵就住在英王府，最近几天已经派人前去修理了。此谕。

畏 怕 热，亦畏案牍 公事文书。牍dú，古代写字用的木片。此指公文 之繁难。

余将来到金陵即在英王 府 太平天国英王陈玉成在金陵的府第 寓居，顷已派人修理矣。此谕。

同治三年七月初七日

评析 每一道上给朝廷的折子，曾氏都数易其稿，认真删改核定，对公文写作的自我要求极高。

字谕纪泽：

自尔起行后，南风甚多，此五日内，却是东北风。不知尔已至岳州否？

余以二十五日至金陵，沅叔病已痊愈。二十八日戮^[lù。戮尸。刑罚的一种。陈尸示众，以示羞辱]洪秀全之尸，初六日将伪忠王正法。初八日接富将军^[富明阿。字治安。时为江宁将军]咨^[咨文，公文。用于同级之间]，余蒙恩封侯，沅叔封伯。余所发之折，批示尚未接到，不知同事诸公得何懋赏^[褒美奖赏。懋 mào 勉励，鼓励]，然得五等^[即公、侯、伯、子、男五等爵位]者甚少，余借人之力以窃上赏，寸心不安之至。

尔在外以"谦谨"二字为主。世家子弟门第^[家庭地位。特指权势显赫的人家]过盛，

写信告纪泽知悉：

自从你启程之后，南风很多，这五天内却是东北风。不知你是否已经到了岳州？

我二十五日到金陵，你沅甫叔病已经痊愈。二十八日将洪秀全戮尸，初六将伪忠王处死。初八接到富将军公文，我蒙恩封侯，你沅甫叔封伯。我所上的奏折，皇上的批示尚未接到，不知其他同事将会得到什么奖赏，然而获得五等爵位的非常少，我凭借他人的力量而窃得上等封赏，心中非常不安。

你在外要以"谦谨"二字为主。世家子弟门第显贵，别人都盯着

看。临行时，我以三戒的首末两条教育你，以及努力去"骄傲懒惰"两个毛病，你应该牢牢记住。科场考试前不可与州县官员来往，不可托人情、"走后门"，这是入仕做官的第一课，务必要知道自重。天气酷热，特别须要注意保养身体。此嘱。

万目所瞩。临行时，教以三戒〔即戒色、戒争斗、戒贪欲〕之首末二条，及力去"傲惰"二弊，当已牢记之矣。场前〔考试前〕不可与州县来往，不可送条子〔指托人情，走后门；舞弊〕，进身〔指出仕做官之始〕，务知自重。酷热尤须保养身体。此嘱。

同治三年七月初九日

评析

以曾氏当时节制东南半壁江山，门生故吏遍布天下，为儿子科场考试递个条子、打个招呼几乎不费吹灰之力。但曾国藩却明确叮嘱儿子说："场前不可与州县来往，不可送条子，进身之始，务知自重。"不许家人借自己的名声谋利，不许家人"走后门""搭顺风车"，其实这是对家人和子孙后代真正的爱护。在卖官鬻爵、腐败盛行的晚清官场，曾氏能够如此洁身自好，确实难能可贵。

字谕纪泽：

初九日接尔初六申刻之禀，知二十三日之折，批旨尚未到皖，颇不可解，岂已递至<u>官相</u>清朝无宰相，由殿阁大学士负责内阁事务，其职权略同于前代的宰相处耶？

各处来信，皆言须用<u>贺表</u>臣子给皇帝写的颂扬奏章，余亦不可不办一分。尔请<u>程伯敷</u>程鸿诏。字伯敷。曾国藩的机要幕僚为我撰一表，为沅叔撰一表。伯敷前后所作谢折太多，此次拟另送<u>润笔</u>请人作诗文书画而付的酬谢金费三十金，盖亦仅见之美事也。

得五等之封者似无多人，余借人之力而窃上赏，寸心深抱不安。从前<u>三藩之役</u>清初，平西王吴三桂、靖南王耿精忠、平南王尚可喜发动的叛乱，史称"三藩之乱"。历经八年，被清政府武力平息，封爵之人较多。

写信告纪泽知悉：

初九日接到你初六日申时写来的信，得知我六月二十三日的奏折，皇上的批示还没到安徽，非常纳闷，难道已经送到官相那里了吗？

各地来信都说须向朝廷写贺表，我也不可不办一份。你请程伯敷为我撰写一表，为你沅甫叔也撰写一表。伯敷前后写了很多谢恩的奏折，此次打算另外再送他润笔费三十两银子，大概这也是不多见的美事。

获得五等封爵的好像没有几个人，我借众人的力量窃得上等赏赐，心中深感不安。从前平定三藩之乱的时候，封爵的人较多。

求阙斋西面的房间有《皇朝文献通考》一部，你试着查查《封建考》中三藩之役共封了多少个人，平定准噶尔部封了多少个人，平定回部封了多少个人，开个单子寄过来。

有伪幼主逃到广德的说法，不知确切不确切。此谕。

求阙斋 曾国藩于道光二十五年时自署书斋之名。阙 què，即空缺、亏损。曾国藩认为："一损一益者，自然之理也。物生而有嗜欲，好盈而忘阙。"为防盈戒满，"凡外至之荣，耳目百体之嗜，皆使留其缺陷"。故以"求阙"为书斋名 西间有《皇朝文献通考》一部，尔试查《封建考》中三藩之役共封几人，平准 平定蒙古准噶尔部叛乱 部封几人，平回 平定新疆回民暴动 部封几人，开单寄来。

伪幼主 指洪秀全长子洪天贵 有逃至广德之说，不知确否。此谕。

同治三年七月初九日

盛时常作衰时想，上场当念下场时。攻克天京，大功告成之日，曾氏仍能保持清醒的政治头脑，知谦让、懂进退，受封一等侯爵后，心中惴惴不安，担心此次受封五等爵位的人不多，会招致非议，所以让儿子查阅一下有清以来类似平叛战争的分封的情况，供自己参考。

字谕纪泽：

今早接奉二十九日谕旨，余蒙恩封一等侯、太子太保^{本为辅导太子之官，后来}

只是大臣的加衔，并无实职。"太子少保"亦同、双眼花翎^{清代官员官帽上的装饰。以}

孔雀翎插于冠后，以翎眼多者为贵，但最多也只有三眼。一般授予功勋卓著的大臣。沅叔蒙恩封一等伯、太子少保、双眼花翎。李臣典封子爵，萧孚泗男爵。其余黄马褂^{清代官服。本为御前大臣等人专用，后作为对有}

军功之人的恩赏九人，世职^{世代承袭的官位}十人，双眼花翎四人。恩旨本日包封钞回。兹先将初七之折寄回发刻^{清人居官时经办的}

重要文件，如奏折等，一般都要郑重保存，发刻传之于世，李秀成供明日付回也。

同治三年七月初十日，辰刻

写信告纪泽知悉：

今天早上接到皇帝二十九日的谕旨，我蒙恩受封一等侯、太子太保、双眼花翎。你沅甫叔蒙恩受封一等伯、太子少保、双眼花翎。李臣典受封子爵，萧孚泗受封男爵，其余受封黄马褂的有九人，受封世职的有十人，受封双眼花翎的有四人。皇上恩旨今天就抄好包装封好寄送回去。现先将初七的折子寄回家刻印，李秀成的供述明天寄回去。

评析　曾氏做官时的上书条陈，俱有存稿。军中各类经办的文件，特别是奏折、圣旨等更是慎重保存。经家族后人整理编纂，乃得刻印传之于世。这也体现了曾国藩一丝不苟、井井有条的工作作风。

字谕纪泽：

初十、十一二等日戏酒_{看戏}喝酒三日，沅叔料理周到，精力沛然。余则深以为苦。亢旱酷热，老人所畏，应治之事，多搁废者。江西周_{周汝筠}、石_{石昌猷}一案，奏稿久未核办，尤以为疚。自六月二十三日起，凡人证皆由余发及盘川_{又叫盘缠、川资。路费，旅费。}，以示体恤。尔托子密_{钱应溥。字子密。本为军机章京，后入曾国藩军幕，参与机要，官至工部尚书}告知两司_{布政使司和按察使司。分别负责一省的财政和司法}可也。

鄂刻地图，尔可即送一分与莫偲老_{莫友之。字子偲}。《轮船行江说》三日内准付回，另纸缮写_{抄写}，黏贴大图空处。

万篪_{chí}轩、忠鹤皋及泰州、

写信告纪泽知悉：

初十、十一、十二日，饮酒娱乐了三天。你沅甫叔料理周到，精力充沛。我却深以为苦。金陵天气干旱酷热，年纪大的人害怕这种天气，手头应该办的事情，很多都搁置荒废了。江西周、石的那件案子，上奏文稿很久都没有核查办理，我很内疚。自六月二十三日起，凡是人证都由我发放路费，以示体恤。你托子密告知两司就行了。

湖北刻了地图，你可送一份给莫偲老。《轮船行江说》一文三日内一准寄回去，另外找纸抄写一份，粘贴在大图的空白处。

万篪轩、忠鹤皋以及泰州、

扬州各官员，最近都来此见了面，李鸿章也准备过来一见，听说我将在七月回安徽，就不来了。此谕！

扬州各官，日内均来此一见。李少荃亦拟来一晤，闻余将以七月回皖，遂不来矣。此谕。

同治三年七月十三日，巳刻

评析　　战争胜利后娱乐放松一下本也是自古通例，弟弟曾国荃年轻、精力旺盛，饮酒庆功，乐此不疲。而曾国藩却"深以为苦"，时刻想着自己还有许多积欠的政务没有处理，"尤以为疚"。儒家讲求修身慎独，曾氏也是以此来提醒自己，不要得意忘形、乐极生悲。

字谕纪泽：

　　二日未接尔禀，盖北风阻滞之故。此间十七日大风大雨，萧然便有秋气。

　　富将军今日来拜，<u>鬯</u>chàng。

同"畅"谈一切。

　　余拟明日登舟，乘坐民船，不求其快。舟中须作周、石狱事一折，非三四日不能了。沅叔处无一人独坐之位，无一刻清净之时，故未办也。其他积阁之事，皆须在船一为清理。到皖当在月杪矣。此嘱。

　　　　　　同治三年七月十八日

写信告纪泽知悉：

　　两天没有接到你的信，大概是北风阻滞的原因。这里十七日刮大风下大雨，有了秋天的萧瑟气象。

　　富将军今日来拜会我，畅谈了很多事。

　　我准备明天登船，乘的是民船，不要求速度快。在船上要写好关于周汝筠、石昌猷案件的奏折，没有三四天写不完。你沅甫叔那儿座无虚席，没有一刻清静的时候，所以没能处理这件事。其他积压耽搁的事情，都须在船上一并处理。到安徽应该在月底了。此嘱。

评析

　　曾氏非常珍惜自己的时间，即便是在舟车劳顿的旅行途中也仍然不忘工作，把在船上的时间当作难得可以集中精力处理重要事情的机会。夙夜为公地要把因为应酬而耽误掉的时间补回来。

字谕纪泽：

十九日接尔十七日禀，知十一日之信至十七早始赶到安庆。哨官疲缓如此，不能不严惩。余于十九日回拜富将军，即起程回皖。约行七十里，乃至棉花堤。今日未刻_{下午一点至三点钟}发报后，长行顺风，行七十里泊宿，距采石_{采石矶}不过十余里。

接奉谕旨，诸路将师督抚均免造册报销_{湘军军费报销的方法。朝廷不再要求湘军统帅履行"造册报销"手续，代之以"开单报销"，即只需提供相应军费的开支清单，朝廷不再核对细账，使曾国藩免去军费报销苦恼，}真中兴_{复兴，复兴之朝}之特恩也。

顷又接尔十八日禀，钞录封爵单一册，我朝酬庸_{功劳}之典，以此次最隆。愧悚_{惭愧惶恐。悚sǒng，害怕，恐惧}

写信告纪泽知悉：

十九日接到你十七日所发的信件，知道十一日所发的信到十七日早晨才到安庆。哨官这样懒散拖沓，不能不严加惩办。我于十九日回访了富将军，之后就启程回安徽了。大约走了七十里，才到了棉花堤。今日未时发走了报子后，一路顺风，走了七十里后停泊住宿，距离采石矶还剩下不到十余里了。

接到皇帝谕旨，说各路将帅、总督巡抚均不用造册向部里报销了，真是王朝中兴之主的特殊恩典啊。

不久又接到你十八日的信，抄录封爵单一册，我朝封赏典礼的规模，以这次最为隆重。我心中深感愧疚惶恐，拿什么来回报皇恩？你们应当努力以图报效。

战兢^{畏惧戒慎的样子}，何以报称^{报答，对得起}？尔曹当勉之矣。

同治三年七月二十日

评析

作为封建王朝的官员，曾氏对于封妻荫子的殊荣还是相当看重的，这种忠君报国的思想显然有一定的历史局限性。但曾氏把受封当成是良好家风教育的重要载体，以此劝勉儿子受皇上恩典，当思报效朝廷，也不失为一种有效的仪典教育。

字谕纪泽：

自尔还湘启行后，久未接尔来禀，殊不放心。今年天气奇热，尔在途次_{旅途中}平安否？

余在金陵与沅叔相聚二十五日，二十日登舟还皖，体中尚适。余与沅叔蒙恩晋封侯伯，门户太盛，深为祗惧_{敬惧。祗zhī，敬，恭敬}！

尔在省以"谦敬"二字为主，事事请问意臣、芝生两姻叔，断不可送条子，致腾_{传扬}物议_{众人的议论。多指非议。}十六日出闱_{科举考试结束后考生离开试院}，十七八拜客，十九日即可回家。九月初在家听榜信_{科举考试后，出榜公布的考中者名单后}，再起程来署_{官署。此处指两江总督署}可也。

写信告纪泽知悉：

自从你启程返回湖南后，很久没有接到你的来信，很不放心。今年天气出奇的热，你在旅途中平安吗？

我在金陵与你沅甫叔相聚了二十五天，二十日乘船回到安徽，身体状况还好。我与你沅甫叔受皇恩晋封侯爵、伯爵，曾氏门户现在风头太盛，我深深感到诚惶诚恐！

你在省城要以"谦敬"二字为主，事事请问意臣、芝生两位姻叔。千万不可以送条子，招致非议四起。十六日科举考试结束，十七八号拜谢一些宾客，十九日就可以回家了。九月初在家听发榜的消息后，再起程来官署就可以了。

选择朋友是第一要紧的事，须选择志趣远大的人做朋友，此嘱。

择交^{择友，有选择}是第一要事，
须择志趣远大者，此嘱。

同治三年七月二十四日，旧县舟次

曾氏对家属和家族子弟要求甚严，多次严词不许他们假自己威名来递条子、通关节，事事要以"谦敬"二字处世，凭真本事参加科考。信中，曾氏还告诫儿子要树立正确的择友观，选择志趣远大的人做朋友。

字谕纪泽、纪鸿：

余于初四日自邵伯开行后，初八日至清江浦，闻捻匪张 _{张宗禹。捻军统帅}、任 _{任化邦。捻军将领}、牛 _{牛洛红。捻军将领} 三股，并至蒙 _{蒙城}、亳 _{bó 亳州} 一带。英方伯 _{指英翰。字西林。方伯，殷周时代一方诸侯之长。后泛称地方长官} 雉河集营被围，易开俊在蒙城亦两面皆贼，粮路难通。余商昌岐 _{黄翼升。字昌岐。清朝水师首领} 带水师由洪泽湖至临淮，而自留此待罗 _{罗麓森。字茂堂。清朝将领}、刘 _{刘松山。字寿卿。清朝将领} 旱队至，乃赴徐州。

尔等奉母在寓，总以"勤俭"二字自惕，而接物出以谦慎。凡世家之不勤不俭者，验之于内眷 _{女眷。妻室女儿} 而毕露，余在家，深以

写信告纪泽、纪鸿知悉：

我于初四自邵伯踏上行程，初八到达清江浦，听说捻军张、任、牛三股匪寇，同时到达蒙城、亳州一带。英方伯在雉河集营被围困，易开俊部在蒙城也两面受攻，粮草补给的道路难以畅通。我跟黄昌岐商量由他带水师由洪泽湖到临淮，而我自己留守此地，等待罗麓森、刘松山的陆军到来再开赴徐州。

你们在金陵寓所侍奉母亲，总要以"勤俭"两个字来要求自己，待人接物要谦虚谨慎。大凡世家子弟不勤俭的，都从他们的家眷身上表现得淋漓尽致。我在家时就很担心家中妇女奢侈安逸。

你两人下决心要支撑曾家门户，也应该从管教女眷开始。

我身体还好，癣病略有加重。

妇女之奢逸为虑。尔二人立志撑持门户，亦宜自端内教始也。

对妻室儿女的教育 犹女教。

余身尚安，癣略甚耳。

同治四年闰五月初九日

评析

　　曾氏对待家庭中女眷的要求格外严格，甚至有些不近人情。信中他寄语两个儿子要警惕家中妇女过于"奢侈安逸"，要求他们作为家中男丁承担起严格家庭内部妇女教育的责任。其中不排除有封建社会重男轻女的因素，但更重要的，还是曾氏希望女儿嫁出去之后都能以"勤俭"二字持家，吃苦耐劳，不坠家风。

原文

字谕纪泽：

接尔十一、十五日两次安禀，具悉一切。

尔母病已痊愈，罗外孙亦好，慰慰！

余到清江已十一日，因刘松山未到，皖南各军闹饷 [因欠发军饷兵卒哗噪闹事]，故而迟迟未发。雉河、蒙城等处，日内亦无警信。罗茂堂等今日开行，由陆路赴临淮。

余俟刘松山到后，拟于廿一日由水路赴临淮。身体平安，惟廑念湘勇闹饷，有弗戢自焚 [出自《左传·隐公四年》："夫兵，犹火也，弗戢，将自焚也。"大意是：战争就像玩火，不及时止息，就会把自己燃掉。戢 jí，停止；焚 fén，烧] 之惧，竟日忧灼。蒋之纯 [蒋凝学。字之纯。湘军将领] 一军在湖北业已叛

导读

写信告纪泽知悉：

接到你十二日、十五日的两封信，情况都知道了。

你母亲病已经痊愈，罗家外孙病也好了，颇感欣慰！

我到清江已经十一天了，因为刘松山还未赶到，皖南各部队闹着要发军饷，所以迟迟未出发。雉河、蒙城等处，最近几天也没有什么报警的信息。罗茂堂等今天开始启程，由陆路赶赴临淮。

我等到刘松山到了后，准备在二十一日由水路赶赴临淮。我身体平安，只是非常惦念湘军闹发军饷的事情，有弗戢自焚的恐惧感，整天忧虑焦灼。蒋之纯那支部队已经在湖北叛变了，我担

忧各处互相煽动，即便是湖南故乡恐怕也很难安居。我正在思索加重惩罚这些闹饷者、叛变者的办法，暂无良策。

杨见山的五十金，已经写信回复小岑，从伊卿那里送过去。邵世兄和各地按月送的钱，已下达了一个文件，由伊卿长期送了。只有壬叔向来都是按季送，所以一时没有写入单子。刘伯山在书局撤了之后，再替他寻找一个谋生的地方。该局何时能撤，还没听说。

你在寓所没有一点应酬，估计每个月要用多少钱？你的媳妇和妹妹们每天按时纺线吗？下次写信向我报告。

变，恐各处相煽，即湘乡亦难安居，思所以痛惩之之法，尚无善策。

杨见山〔杨山见。字见山，号季仇，晚号藐翁，自署迟鸿残叟。清朝书法家、金石字家，诗人。曾国藩幕僚〕之五十金，已函复小岑〔欧阳兆熊。字小岑。曾国藩早年朋友〕在于伊卿〔潘鸿焘。字伊卿。曾国藩幕僚〕处致送。邵世兄〔邵懿辰之子邵顺年。世兄，旧时称朋友之子〕及各处月送之款，已有一札，由伊卿长送矣，惟壬叔〔李善兰。字壬叔。数学家。曾国藩聘入安庆编译书〕向〔从来，向来〕来按季送，偶未入单。刘伯山〔刘毓崧。字伯山。学者。曾国藩聘入安庆编译局任校勘〕书局撤后，再代谋一安砚之所〔学者谋生之处〕。该局何时可撤，尚无闻也。

寓中绝不酬应〔应酬〕，计每月用钱若干？儿妇诸女，果每日纺绩〔纺丝绩麻。绩jì，缉，捻线〕有常课〔定额〕否？下次禀复。

吾近夜饭不用荤菜，以肉汤炖蔬菜一二种，令极烂如麑 ní。肉酱，味美无比，必可以资培养（菜不必贵，适口则足养人），试炖与尔母食之（星冈公好于日入时 日落时手摘鲜蔬以供夜餐，吾当时侍食，实觉津津有味。今则加以肉汤，而味尚不逮 比不上，不及于昔时）。后辈则夜饭不荤，专食蔬而不用肉汤，亦养生之宜，且崇俭之道也。颜黄门（之推）颜之推。字介。南北朝至隋朝期间文学家、教育家。曾任黄门侍郎《颜氏家训》作于乱离之世，张文端（英）张英。字敦复，号乐圃，谥文端。清朝大臣，官至礼部尚书《聪训斋语》作于承平 太平，持久太平之世，所以教家者极精。尔兄弟各觅一

我最近晚饭不吃荤菜，以肉汤炖一两种蔬菜，让煮得像肉泥一样烂，味道好极了，肯定有助养生健康（菜不必贵，只要适合口味就足以滋养人），你试试这样炖给你母亲吃（星冈公喜欢在日落时亲手采摘新鲜蔬菜当晚餐，我当时陪他吃饭，实在是感觉津津有味。如今即便添加了肉汤，但味道还是比不上当年）。后辈们晚饭不要吃荤，专吃食蔬而不用肉汤，这是养生之道，也是崇尚节俭之道。颜之推的《颜氏家训》作于动乱年代，张英的《聪训斋语》作于太平之年，用来教育家中子弟的道理极其精辟。你们兄弟俩

各找一册，常常阅读学习，就每天都会有进步。

册，常常阅习，则日进矣。

同治四年闰五月十九日，清江浦

评析

曾氏对于节俭的崇尚，贯穿衣食住行的每个细节当中。此信中，他发明了一个"肉汤炖蔬菜"的吃法，并且推荐儿子也给母亲做这道"美味"。这道菜的口感如何，恐怕见仁见智，但背后体现的却是曾氏"崇俭之道"的心思。"一粥一饭，当思来处不易；半丝半缕，恒念物力维艰"，曾氏这道"美味"可谓用心良苦。

字谕纪泽、纪鸿：

闰五月三十日内龙克胜等带到尔廿三日一禀，六月一日内驲_{rì。古代驿站专用的车。亦指驿马}递到尔十八日一禀，知悉一切。罗家外孙即系漫惊风，则极难医治。

余于廿五六日渡洪泽湖面二百四十里，廿七日入淮_{淮河}，廿八日在五河停泊一日，等候旱队，廿九日抵临淮。闻刘省三_{刘铭传。字省三。清朝将领}于廿四日抵徐州，廿八日由徐州赴援雉河。英西林于廿六日攻克高炉集，雉河之军心益固，大约围可解矣。

罗、张、朱等明日可以到此，刘松山初五六可到。余小

写信告纪泽、纪鸿知悉：

闰五月三十日由龙克胜等人带来了你们二十三日所写的一封信，六月初一由驿站送来了你们十八日所发的一封信。一切情况全都知道了。罗家外孙既然患上了慢惊风，那就极难医治了。

我在二十五、二十六两天渡过洪泽湖面二百四十里，二十七日进入淮河，二十八日在五河停泊一天，等候从陆路来的军队，二十九日抵达临淮。听闻刘省三于二十四日抵达徐州，二十八日由徐州赶赴支援雉河。英西林于二十六日攻克高炉集，雉河的军心更加稳固，大约此围可以解除了。

罗、张、朱等明日可以赶到这里，刘松山初五或初六可以赶

到。我在临淮小住半个月，还是要去徐州。毛寄云年伯到了清江，着急想和我见一面，我因为路途太远，阻止了他来临淮。

你写的信太短，最近所看的书以及领略的古人文章的意趣等，尽可以抒发自己的见解，随时询问就正。之前说过，有文气则有文势，有见识则有法度，有感情则有韵调，有志趣则有韵味。古人的那些绝好文章，大约在这四个方面之中必有一方面的长处。而你所阅读的古文，哪一篇跟哪一方面比较相近，可畅谈自己的看法，详细向我询问。鸿儿也要经常来信，汇报最近学到了什么本事。此示。

住半月，当仍赴徐州也。毛寄云[毛鸿宾]年伯[科举时代，同年及第者互称同年，其子弟则称父亲同年为年伯]至清江，急欲与余一晤，余因太远，止其来临淮。

尔写信太短，近日所看之书及领略古人文字意趣，尽可自摅[shū。抒发，表达]所见，随时质正[质询就正]。前所示有气则有势，有识则有度，有情则有韵，有趣则有味。古人绝好文字，大约于此四者之中必有一长。尔所阅古文，何篇于何者为近，可放论[纵谈，放言高论]而详问焉。鸿儿亦宜常常具禀[陈述报告]，自述近日工夫。此示。

同治四年六月初一日

曾氏对于纪泽、纪鸿两个儿子的功课十分关心，不仅时常点拨他们的读书、写字，还主动布置"家庭作业"，要儿子定期完成，并写信展示学习成果，报告学习心得。在他的督促下，儿子们不得不跟上父亲的节奏来读书、写诗、作文章，日积月累，不知不觉当中就取得了巨大进步。

写信告纪泽、纪鸿知悉：

十五日接到纪泽儿十一日的信，纪鸿儿却没有来信，为什么呢？

今天接到小岑的信，知道邵世兄一病不起，实在是感到伤心难过！邵位西立身行事，读书作文，都没有什么差错，不知为什么家运竟然如此衰败？难道真是天意不可测吗？你母亲的病，如果一直服用温补的药剂，应当没什么大问题。罗家外孙及朱金权已经痊愈了吗？

这里河水猛涨不同寻常，各军营都已移渡到淮河南岸驻扎。只有我所在的淮北两营，是罗茂堂所带的部队，两天内尚可不用转移。淮河水再上涨八寸就危险

字谕纪泽、纪鸿：

十五日接泽儿十一日禀，鸿儿无禀，何也？

今日接小岑信，知邵世兄一病不起，实深伤悼_{哀伤悲悼}！位西_{邵懿辰。字位西。清朝目录学家、经学家、藏书家。曾国藩早年京中挚友。咸丰末年在老家浙江仁和被太平军所杀。懿 yì}立身行己_{立身行事}、读书作文，俱无差谬_{错误，差错}，不知何以家运衰替_{衰败}若此？岂天意真不可测耶？尔母之病，总带温补之剂，当无他虞_{别的什么变故。}罗氏外孙及朱金权已痊愈否？

此间水大异常，各营皆已移渡南岸。惟余所居淮北两营，系罗茂堂所带，二日内尚可不移。再长水八寸则危矣。阴云

郁热，雨势殊未已_{不止}也。邵世兄处应送奠仪五十金，可由家中先为代出，有便差来营，即付去。滕中军所带百人，可令每半月派一兵来此，不必定候_{等待}家乡长夫送信。余托陈小浦_{陈方坦。曾国藩幕僚}买龙井茶，尔可先交银十六两，亦候下次兵来时付去。邵宅每月二十金，尔告伊卿照常致送否？须补一公牍_{公文}否？而每旬至李宫保处一谈否？幕中诸友凌晓岚_{凌焕。字晓岚。李鸿章幕僚}等相见契惬_{qì qiè。志趣相投，快意满足。契，相投，相合；惬，满足，畅快}否？气势、识度、情韵、趣味四者，偶思邵子_{邵雍。字尧夫。北宋理学家}四象_{邵雍将"阳刚""阴柔"分四类，即"太阳""少阳""太阴""少阴"，称四象}之说

了。现在天空阴云密布，天气闷热，雨看来要下个不停。邵世兄那里应送上祭奠礼五十两，可由家中先代我垫上，有来军营的差人顺便把银子捎回去。滕中军所带一百多个人，可让他每半个月派一个士兵来此，不一定要等待家乡差夫送信。我委托陈小浦买龙井茶，你可先交给他银子十六两，也等到下次送信士兵来时给你带过去。每月给邵家的二十两银子，你们告诉伊卿照常送了吗？还须要补一份公文吗？每十天到李宫保那里谈一谈了吗？和凌晓岚等朋友相见志趣相投吗？关于作文的气势、识度、情韵、趣味四个方面，我偶尔联想到了邵子的四象之说，

正好可与之对应。现抄录在另外一张纸上，你尝试研究一下。

可以分配。兹录于别纸，尔试究之。

附：

文章各得阴阳之美表

理气之成象者	文境各有所长	经书之可指者	百家之相近者	自抄分类古文	自抄十八家诗
太阳	气势	书之誓 孟子	扬雄 韩文	论著 奏议	李 韩
少阴	情韵	诗经	楚辞	词赋	少陵 义山
少阳	趣味	左传	庄子 韩文	传志	韩 苏
太阴	识度	易十翼	史记 序赞 欧文	序跋	陶

评析

前面同治四年六月初一日的家书中，曾氏已经阐述过一次古人好文章的"气势""见识""情韵""趣味"四条必有一条。此封信中，曾氏再次提出了这四条标准，并且将其与邵雍的四象说联系类比，这标志着曾国藩文章风格理论的逐渐成熟。今天看来，"古文四象"说仍然是中国近代文学批评史上独到、新颖的见解。

字谕纪泽：

二十三日接尔十七日禀，并汪刻《公羊》、陈刻《后汉书》、茶叶、腊肉等事俱悉。

廿四日接奉寄谕_{所传递的皇帝的谕旨}，知沅叔已简授_{按资历劳绩授职}山西巡抚_{官名。明初设，负责巡视地方，清代为省级最高行政长官}，谕旨咨少泉宫保处，尔可借阅。沅叔闰五月初六至十日之病，不知此时痊愈否？余须寄信嘱其北上陛见_{谒见皇帝。清制，凡省级官员，须在接到任命后，陛见请训}之便，且至徐州兄弟相会。陈刻《廿四史》_{《二十四史》。包括《史记》《汉书》《后汉书》《三国志》《晋书》《宋书》《南齐书》《梁书》《陈书》《魏书》《北齐书》《周书》《南史》《北史》《隋史》《旧唐书》《新唐书》《旧五代史》《新五代史》《宋史》《辽史》《金史》《元史》《明史》。这些史书是在一千多年的时间里陆续写成的}颇为可爱，不知其错字多否？《几何原本》_{古希腊数学家欧几里得著。明朝徐光}

写信告纪泽知悉：

二十三日接到你十七日所发的信，还有汪刻《公羊》、陈刻《后汉书》、茶叶、腊肉等都收到了。二十四日接到皇帝所寄谕旨，知悉沅甫叔已被授予山西巡抚的官职，谕旨在李鸿章那里，你可借来看。你沅甫叔闰五月初六到十日的病不知道此时痊愈了没有？我须寄信叮嘱他利用北上谒见皇帝之便，到徐州兄弟聚会一下。陈刻《二十四史》很值得爱惜，不知其中错字多不多？《几何原本》可先印刷一百部。曾恒德没什么事也可来军营。我又有想要从家拿来看的书，可让滕中军派兵送来，书目我抄在另一张纸上。

启与意大利传教士利玛窦合译前六卷。咸丰初年，李善兰与英国传教士伟烈亚力译完后九卷。此时由金陵官书局重印

可先刷一百部。曾恒德无事，亦可来营。余又有取阅之书，可令滕中军派兵送来，录于别纸。

同治四年六月二十五日

评析　从曾氏家书中可以看到，曾氏读书涉猎广泛、不拘一格，不光有文学、训诂，还有历史、地理甚至是几何学，不愧是近代中国历史上少数几个"睁眼看世界"的政治家之一。

字谕纪泽、纪鸿：

　　纪泽于陶_{陶渊明}诗之识度_{见识和气度}不能领会，试取《饮酒》二十首、《拟古》九首、《归田园居》五首、《咏贫士》七首等篇，反复读之。若能窥其胸襟之广大，寄托之遥深，则知此公于圣贤豪杰，皆已升堂入室_{古代宫室，前为堂，后为室。先登堂，然后入室。比喻学识或技能由浅入深。后来用于赞扬人们在学问或技艺上的造诣精深。}。尔能寻其用意深处，下次试解说一二首寄来。

　　又问有一专长，是否须兼三者乃为合作_{合于法度}？此则断断不能。韩无阴柔之美，欧无阳刚之美，况于他人而能兼之？凡言兼众长者，皆其一无所长者也。

写信告纪泽、纪鸿知悉：

　　纪泽对于陶渊明诗歌识度不能领会，你试着找到《饮酒》二十首、《拟古》九首、《归田园居》五首、《咏贫士》七首等篇章，反复去读它们。如果能看到其胸襟的广大、寄托的遥深，那就知道这位先生对于向圣贤豪杰的学习，已经升堂入室了。你如果能够探寻到其用意的深奥之处，下次尝试着解说一两首寄来。

　　纪鸿又问，作文中已具备一项特长，是否须要兼备另外三方面的风格，这样才合于法度？这绝对不可能。韩愈的文章没有阴柔之美，欧阳修的没有阳刚之美，他们都不可能兼而有之，更何况其他人？凡是自称兼备众家之长的，都是一无所长的。

鸿儿说这个四象表包罗万象，横竖相互配合，足见他善于领会。至于把文章写得纯熟，尽力用心揣摩固然属于实在功夫，然而少年写文章，总是贵在气势磅礴，就是苏东坡所说的"蓬蓬勃勃，如釜上气"。古文如贾谊的《治安策》、贾山的《至言》、太史公的《报任安书》、韩退之的《原道》、柳子厚的《封建论》、苏东坡的《上神宗书》，时文如黄陶庵、吕晚村、袁简斋、曹寅谷

鸿儿言此表_{指同治四年六月十九日信中所附"文章各得阴阳之美表"}范围曲成_{语出《易经·系辞传》："范围天地之化而不过，曲成万物而不遗。"大意是：总括天地之间的一切变化规律而没有错失，费尽周折成就万物而没有任何遗漏}，横竖相合，足见善于领会。至于纯熟文字，极力揣摩固属切实工夫，然少年文字，总贵气象_{指诗文字画的气韵和风格}峥嵘，东坡所谓"蓬蓬勃勃，如釜_{fǔ。古代的一种锅}上气"。古文_{用文言写的散文体}如贾谊_{世称贾太傅、贾生。西汉政论家、文学家}《治安策》、贾山_{汉朝学者}《至言》、太史公《报任安书》、韩退之《原道》、柳子厚《封建论》、苏东坡《上神宗书》，时文如黄陶庵_{黄淳耀。初名金耀，字蕴生，一字松厓，号陶庵，又号水镜居士。明末学者}、吕晚村_{名留良。字庄生，又名光纶，字用晦，号晚村，别号耻翁、南阳布衣。明末清初学者、思想家}、袁简斋_{袁枚。字子才，号简斋，晚年自号仓山居士、随园主人、随园老人。清朝诗人、散文家}、曹寅谷_{曹之升。名寅谷。清朝学者，擅八股}，墨

272
○
273

卷 _{本指乡试、会试考生在考场所写的试文，因用墨笔写}如《墨选观止》《乡墨精
锐》中所选两排三叠之文，皆
有最盛之气势。尔当兼在气势
上用功，无徒在揣摩 _{模仿}上用
功。大约偶句多，单句少，段
落多，分股少。莫拘场屋 _{也称科场。指古}
_{代科举考试的地}
_{方。这里指}
_{科举考试}之格式。短或三五百字，
长或八九百字，千余字，皆无
不可。虽系"四书"题，或用
后世之史事，或论目今 _{当前}之时
务，亦无不可。总须将气势展
得开，笔仗 _{文字的遣用}使得强，乃不
至于束缚拘滞 _{拘束迟缓。指文章展}
_{不开，气势不畅达}，愈紧
愈呆。嗣后尔每月作五课揣摩
之文，作一课气势之文。讲揣

等人的文章，墨卷中如《墨选观止》
《乡墨精锐》中所选两排三叠的
文章，都最有强劲的气势。你应
该不只在模仿上用功，还要兼在
气势上用功。大致说来偶句多些，
单句少些，段落多些，分股少些。
不要拘泥于科举应试文章的格式，
短的三五百字，长的八九百字、
一千多字，没有不可以的。即使
是"四书"的题目，或采用后世
的历史故事，或议论当前的时政
事务，也没有不可以的。总之须
要把气势展开，文笔要强劲有力，
才不至于束缚拘泥阻滞，让文章
越发拘谨和呆板。以后你每月写
五篇揣摩文字的文章，作一篇讲
究气势的文章。揣摩文字的文章，

送老师批阅修改，气势文章，寄给我批阅修改。四象表中，只有气势是属"太阳"，最难能可贵。自古以来的文人，虽然在另外三方面各有侧重，但没有一个不在气势上痛下功夫。你们俩都要在这方面努力！此嘱。

摩者送师阅改，讲气势者寄余阅改。<u>四象表</u>指"文章各得阴阳之美表"中，惟气势之属太阳者，最难能而可贵。古来文人，虽偏于彼三者，而无不在气势上痛下工夫。两儿均宜勉之！此嘱。

同治四年七月初三日

评析　　曾氏要求儿子诵读古诗文不要只停留在文字表意上，还要极力揣摩文章蕴涵的气势。他将宋代理学家邵雍的太阳、少阴、少阳、太阴四象学说运用到文学评论中，和他所总结的文章的气势、识度、情韵、趣味四要素相对应，这对于中国古代文论有着突出的理论贡献。除了要求儿子诵读揣摩，曾氏还要求他们勤加练习，动笔练手，并规定了每月的作业量，以书信往来的方式检查儿子的学业，可谓是既有理论教学，又有实践教学。

字谕纪泽：

　　十二日接尔初八日禀，具悉一切。

　　福秀^{曾纪泽的大女儿曾广璇，乳名福秀}之病，全在脾亏。今闻晓岑先生峻补^{猛补，大补}脾胃，似亦不甚相宜^{合适，符合}。凡五脏^{指心、肝、脾、肺、肾五个器官}极亏者，皆不受峻补也。尔少时亦极脾亏，后用老米^{陈米}炒黄，熬成极酽^{yàn。浓，味厚}之稀饭，服之半年，乃有转机。尔母当尚能记忆。金陵可觅得老米否？试为福秀一服此方。

　　开生^{刘瀚清。字开生曾国藩的幕僚}到已数日。元徵^{方骏谟。字元征。曾国藩的幕僚}信接到，兹有复信，并邵二世兄^{邵懿辰之侄邵长年}信。尔阅后封口交去。渠需银两，尔陆

写信告纪泽知悉：

　　十二日收到了你初八的来信，知道了一切。

　　福秀的病，全在脾亏。今天听说晓岑先生大补脾胃，似乎也不太妥当。凡五脏极亏的人，都不能承受大补。你小时候也是脾极亏，后来把陈米炒成黄色，熬成极浓的稀饭，吃了半年，才有转机。你母亲应该还能记得。金陵可以找到老米吗？试着让福秀服用此方。

　　开生已经到了几天了。元徵的信接到了，现有回信以及给邵二世兄的信，你看了后封上口交过去。他需要银两，你可以陆续

支付给他。

《义山集》似乎曾经批阅过，但所批的不多。我在道光二十二、二十三、二十四、二十五、二十六等年份用胭脂圈批过。只有我有丁刻的《史记》（六套在家吗）、王刻的韩文（在你那里）、程刻的韩诗（最精本）、小本杜诗、康刻《古文辞类纂》（温叔带回，霞仙借去了）、《震川集》（在季老师那里）、《山谷集》（在黄恕皆家），是从头到尾批注的，剩下的都有始无终，所以深深以没有恒心为最大憾事。近年来在军中读书，稍觉有恒心，然而已经晚了。所以希望你们在年轻时，

续支付可也。

《义山集》_{唐朝诗人李商隐的诗集。李商隐，字义山}似曾批过，但所批无多。余于道光廿二、三、四、五、六等年，用胭脂圈批。惟余有丁刻《史记》（六套在家否）、王刻韩文（在尔处）、程刻韩诗（最精本）、小本杜诗、康刻《古文辞类纂》（温叔带回，霞仙_{刘蓉。字孟容，号霞仙。清朝文学家，曾做曾国藩的幕客}借去）、《震川集》_{明朝归有光撰}（在季师_{季芝昌。字仙九。曾国藩的会试房师}处）、《山谷集》_{宋朝黄庭坚诗词集}（在黄恕皆_{黄倬。字恕皆。官至兵部侍郎。倬zhuō}家）首尾完毕，余皆有始无终，故深以无恒为憾。近年在军中阅书，稍觉有恒，然已晚矣。故望尔等于少壮时，即从"有

恒"二字痛下工夫。然须有情韵、趣味，养得生机盎然_{丰厚洋溢的样子。盎àng}，乃可历久不衰。若拘苦_{约束刻苦}疲困，则不能真有恒也。

同治四年七月十三日

就能从"有恒"二字痛下功夫。然而也需要有情韵、趣味，培养得生机盎然，才能历久不衰。如果一味地辛苦疲惫，则也不能真正有恒心了。

曾氏结合自己多年读书的经验告诫儿子，读书要趁年轻下恒心。但同时他也反对一味地死读书，倡导要培养读书的"情韵"和"趣味"。读书无须自虐自苦，兴趣是最好的老师，没有兴趣，读书的恒心难以持久。

与肩挑
贸易毋
占便宜

字谕纪泽、纪鸿：

郭宅姻事_{曾氏的四女儿嫁给了}_{郭嵩焘的儿子郭依永}，吾意决不肯由轮船海道行走，嘉礼_{婚礼}尽可安和_{平安，安好}中度_{合乎法度}，何必冒大洋风涛之险？至成礼_{成婚}，或在广东，或在湘阴，须先将我家或全眷回湘，或泽儿夫妇送妹回湘。吾家主意定后，而后婚期之或迟或早可定，而后成礼之或湘或粤亦可定。

吾即决计不回江督_{两江总督。管}_{辖江苏、安徽}_{（此二省原称江南省）}_{江西三省地方事务}之任，而全眷独恋恋于金陵，不免"武仲据防"_{语出《论}_{语》："臧}武仲以防求为后于鲁，虽曰不要君，吾不信也。"大意是："臧武仲凭借防邑请求鲁君在鲁国替臧氏立后代，虽然有人说他不是要挟君主，我不相信。"孔子认为臧武仲以自己的封地为据点，想要挟君主，犯上作乱，犯下了不忠的大罪之嫌。是_{是以，因此}尔母及全眷早迟

写信告纪泽、纪鸿知悉：

郭家娶亲的事，我的意见是绝不要乘坐轮船从海道走，婚礼尽量平安和合乎礼节，何必到海洋中冒风涛之险？至于成婚的地方，或在广东，或在湘阴，须先将我们家或全部亲属送回湖南，或者由泽儿夫妇送妹妹回湖南。咱们家的主意定了，之后婚期或早或晚才可以确定，然后结婚典礼在湖南还是在广东也才能确定。

我已经决定不再回去担任两江总督的官职，但是全家却在金陵恋恋不舍，不免有"武仲据防"之嫌。因此你母亲和全体家属早

晚总要回到湖南。既然全家都要返乡，四女儿何必先走呢？我想在九月间，你们兄弟护送全部家属回到湖南老家。经过省城时，如结婚的日子在半月之内，或许你母亲到湘阴送一下也行。如结婚的日子还比较遥远，那么纪泽夫妇带四妹在长沙小住一段时间，等时间到了再送她到湘阴成婚。

至于结婚典礼的地方，我的意思是在湘阴是最合适的。云仙亲家去年嫁女儿就是在湘阴由郭意诚主持，今年娶媳妇也可在湘阴由郭意诚主持。金陵到湘阴接近三千里，粤东到湘阴接近两千里。女儿家送三千里，女婿家迎二千里，而结婚典礼放在世世代

总宜回湘。全眷皆须还乡，四女何必先行？吾意九月间，尔兄弟送家属悉归湘乡。经过省城时，如吉期在半月之内，或尔母亲至湘阴一送亦可。如吉期 _{喜期，婚期} 尚遥，则纪泽夫妇带四妹在长沙小住，届期再行送至湘阴成婚。

至成礼之地，余意总欲在湘阴为正办 _{正当，合适}。云仙 _{郭嵩焘。字筠仙，号云仙。} _{清朝湘军创建者之一，中国首位驻外使节} 姻丈 _{对姻亲长辈的尊称} 去岁嫁女，即可在湘阴由意诚主持，则今年娶妇，亦可在湘阴由意城主持。金陵至湘阴近三千里，粤东至湘阴近二千里。女家送三千，婿家迎二千里，而成礼

于累世桑梓 出自《诗经·小雅·小弁》："维桑
与梓，必恭敬止。"大意是：家乡的
桑树和梓树是父母种的，对它要
表示敬意。后人用来借指故乡 之地，岂不尽
美尽善？而以此意详复云仙姻
丈一函，令崔成贵等由海道回
粤。余亦以此意详致一函，由
排单 清代驿站传递公文填注的单据。将每日限行
路程及接到时日详写注明，用以明确责任 寄
去，即以此信为定。

喜期定用十二月初二日，
全眷十月上旬自金陵启行，断
不致误。如云仙姻丈不愿在湘
阴举行，仍执送粤之说，则我
家全眷暂回湘乡，明年再商吉
期可也。

鸿儿之文，气势颇旺，下
次再行详示。尔母须用茯苓，
候至京之便购买。

代居住的家乡，岂不尽善尽美?
你把我的这个意思详细地写一封
信告知云仙亲家公，让崔成贵等
由海道回广东。我也根据这个意
思写一封详细的书信，由公文渠
道寄过去，就以此信为最终确定
的办法。

结婚的喜日子定在十二月初
二，全体家眷十月上旬自金陵启
程，肯定不会耽误。如果云仙亲
家不愿在湘阴举行，仍坚持让我
们把闺女送到广东，那么我们全
体家眷暂时先回湖南老家，明年
再商量婚期也行。

鸿儿的文章，气势很充沛，
下次再详细跟你说。你母须服用
茯苓，等到去京城的时候再顺便
购买。

我已在二十四日自临淮启程，这十天没有雨，明天就能到徐州了。旅途平安。勿念。

余以廿四日自临淮起行，十日无雨，明日可到徐州矣。途次平安。勿念。

同治四年八月初三日

本篇出自《湘乡曾氏文献》，刻本误为七月二十七日。查曾国藩日记，七月二十七日无家信，而八月初三日则载"夜写纪泽信，言郭宅姻事"，与信内容正相符合

评析

两江之地丰腴富饶，环境自然比两湖要好许多。收复天京后，曾国藩把家人从湖南接到江苏团聚，家眷多少都有些乐不思蜀。曾氏一向秉持居安思危、"人满天概"的谦退之道，深知居功之臣家眷留恋江南繁华之地难免有"武仲据防"之嫌，是当朝统治者的大忌。因此，借着给四女儿举办婚礼之机，动员全家早日回老家，自己也表明决不再担任两江总督的态度。如此谨慎的为官之道，也确保曾氏避免了历史上许多功臣"功高震主""兔死狗烹"的悲剧。

字谕纪泽：

邵世兄开来行状，行述。旧时记述死者世系、籍贯、生卒与生平的文章略，节略。旧时记述死者生平大略的文章等件收到。位西先生遗文亦阅过。本月当作墓铭，出月下月亲为书写，仍付金陵交张氏兄弟钩刻。大约刊刻拓tà。将石碑或器物上的文字或图案摹印在纸上印须三个月工夫，年底乃可蒇事事情办理完成。蒇chǎn，完成，解决。尔告邵子晋邵长年急急返杭料理葬事，以速为妙。此石不宜埋藏土中，将来或藏之邵氏家庙，或嵌之邵家屋壁，或一二年后，于墓之址丈余另穿一小穴，补行埋之，亦无不可。此次不可待碑成再定葬期也。

同治四年八月十三日

写信告纪泽知悉：

邵世兄寄来生平概略等文件收到了，位西先生的遗文也看过了。本月应创作墓志铭，下个月亲自为其书写好，仍寄到金陵交给张氏兄弟钩刻。大约刊刻拓印需要三个月的时间，年底事情可以办理完成。你告诉邵子晋急速返回杭州料理丧事，越快越好。这块碑石不宜埋藏土中，将来或收藏在邵氏家庙，或镶嵌在邵家墙壁内，又或是一两年之后，在墓址周围一丈左右的地方另掏一个小墓穴，再补埋进去也行。这次不能等墓碑刻成了再定葬期。

曾文正

评析

曾氏一生对于交友之事极为看重，朋友去世，他认真撰写墓志铭，悉心找人刻墓碑，还十分关心朋友的子嗣如何操办丧事，以实际行动践行了曾子的"三省吾身"——"为人谋而不忠乎？与朋友交而不信乎？传不习乎？"

字谕纪泽：

王船山（王夫之。字而农，号姜斋。明末清初思想家。晚年隐于石船山，人称船山先生。其遗集由曾国藩、曾国荃倡议编辑问世）先生《书经稗疏》三本、《春秋家说序》一薄本，系托刘韫斋（刘昆。字玉昆，号韫斋。时任太仆寺卿。韫 yùn）先生在京城文渊阁（清朝典藏《四库全书》之所）钞出者，尔可速寄欧阳晓岑（曾纪泽的舅舅）丈处，以便续行刊刻。刘松山前借去鄂刻地图七本，兹已取回。尚有二十六本在金陵，可寄至大营配成全部。《全唐文》太繁，而郭慕徐（郭阶。曾国藩幕僚）处有专集十余种，其中有《韩昌黎集》，吾欲借来一阅，取其无注，便于温诵也。又《文献通考》（吾曾点过田赋（土地税）、钱币、户口、

写信告纪泽知悉：

王船山先生《书经稗疏》三本、《春秋家说序》一薄本，是委托刘韫斋先生在京城文渊阁抄出来的，你速速寄到欧阳晓岑舅舅那里，以便让他进行刊刻。刘松山之前借去的湖北刻的地图七本，现已取回。还有二十六本在金陵，可寄到大营来配齐全套。《全唐文》太浩繁，而郭慕徐那里有专集十几种，其中有《韩昌黎集》，我想借来看一看，因为它没有批注，以便我温习背诵。另外，《文献通考》（我曾点评过田赋、钱币、户口、职役、征榷、市籴、土贡、

国用、刑制、舆地等门类）《晋书》《新唐书》（要武英殿本，《晋书》同时要拿上李芋仙送的毛刻本）都寄来，以便翻阅。《后汉书》也可带来（武英殿本）。冬春两季穿的皮衣，都在这次舢板中带来。此嘱。

职役、征榷（国家征收商品税与官府专卖。榷què，专卖）、市籴（官方收购粮食。籴dí，买）、土贡（古代臣民或藩属向君主进献的土产）、国用、刑制、舆地（疆域，地理）等门者）、《晋书》《新唐书》（要殿本（清代图书武英殿官刻本的简称。因刻印书籍的机构在武英殿，故名），《晋书》兼取李芋仙（李士棻。字芋仙。清朝诗人，曾国藩门生。棻fēn）送毛刻本（明代毛晋汲古阁刻本））均取来，以便翻阅。《后汉书》亦可带来（殿本）。冬春皮衣，均于此次舢板带来。此嘱。

同治四年八月十九日

评析

不管是戎马军中还是宦海沉浮，曾国藩对于阅读的兴趣片刻也没有中断过。他经常写信让家人把他要看的书寄来，其中书籍的各种版本、批注、来源甚至所藏位置都如数家珍，足见曾氏平日用功之深。这种阅读品味也潜移默化地影响着孩子，激发他们对于这些经典的阅读兴趣。

字谕纪泽、纪鸿:

家眷旋回，归湘，应俟接云仙丈覆信乃可定局。余意姻期果是十二月初二，则泽儿夫妇送妹先行，至湘阴办喜事毕，即回湘乡另觅房屋。觅妥后，写信至金陵，鸿儿奉母并全眷回籍。若婚期改至明年，则泽儿一人回湘觅屋，冢妇大儿媳。冢，大，嫡长及四女皆随母明年起程。

黄金堂之屋，尔母素不以为安，又有塘中溺人之事，自以另择一处为妥。余意不愿在长沙住，以风俗华靡豪华奢侈，一家不能独俭。若另求僻静处所，亦殊难得。不如即在金陵多住

写信告纪泽、纪鸿知悉:

家眷回湖南的事情，应等接到云仙亲家的回信才能确定。我的意见是婚期如果定在十二月初二，那么泽儿夫妇送妹妹先走，到湘阴办完喜事后，就回到湖南老家另寻找一间房屋。找到后，写信到金陵，鸿儿携母亲和全家回老家。如果婚期改到明年，那么纪泽一人回湖南找房子，大儿媳妇和四女儿都跟随母亲明年启程。

黄金堂的屋子，你母亲平时住得不踏实，又有池塘里淹死人的事情，自然是另外选一处比较妥当。我的意思是不愿在长沙住，因为该地风俗浮华奢侈，咱们一家很难独自守住节俭。如果另求僻静的住处，也很难找。不如就

在金陵多住一年半载，也无不可。

泽儿回湖南，与两位叔父商议，在附近二三十里寻找一个满意的住宅，或许可以找到。星冈公当年想在牛栏大丘盖房子，就是鲇鱼坝萧家祠堂的隔壁。不知道现在是否真可以盖起来，以完成先人的遗愿？另外，油铺里是元吉公的房子，犁头觜是辅臣公的房子，不知道是否可以购买、兑换过来，或者暂时借住一两年？富坨可以调换吗？你和两个叔叔商量，一定可以设法办成。

你母亲定于明年起程，那松生夫妇和邵小姐的位置新年再议吧。

最近接到皇帝谕旨，命令我

一年半载，亦无不可。

泽儿回湘，与两叔父商，在附近二三十里觅一合式_{合意，满意}之屋，或尚可得。星冈公昔年思在牛栏大丘起屋，即鲇鱼坝萧祠间壁也。不知果可造屋，以终先志否？又油铺里系元吉公_{曾国藩太高祖}屋，犁头觜_{zuǐ}系辅臣公_{曾国藩高祖父}屋，不知可买庄兑换，或借住一二年否？富坨_{tuō。湖南方言。用于地名}宅可移兑否？尔禀商两叔，必可设法办成。

尔母既定于明年起程，则松生夫妇及邵小姐之位置，新年再议可也。

近奉谕旨，饬余晋_{同"进"}驻许州。不去则屡违诏旨，又失民望；遽往则局势不顺，必无成功。焦灼之至！余不多及。

同治四年八月二十一日

进驻许州。我如不去就是屡次违抗圣旨，又让百姓失望；如果立刻去却局势不顺，肯定不能成功。十分焦灼！其他不多说了。

曾氏对于金陵、长沙等大城市的豪华奢靡之风非常反感，认为一旦大环境骄奢淫逸，小家庭也很难独善其身，因此力主举家搬回乡间祖宅居住。无奈家族繁盛，开枝散叶后住房紧张的问题日益凸显，但曾氏并没有利用手中的职权巧取豪夺、大兴土木，而是希望尽量用赎买别人老房子或就近翻盖住宅的方式来解决这一问题。处高位而不骄纵，这在官场腐败、吏治糜烂的晚清官场，也堪称是一代廉吏！

写信告纪泽知悉：

　　你十一日患病，十六日还精神疲倦、头晕目眩，不知最近已经痊愈了吗？

　　我对于任何事情都信守"尽量做到自己能做到的，然后听任命运的安排"两句话，养生之道也是这样。身体强健的如同富人，因为戒骄奢而更富有；身体孱弱的如同穷人，因为节俭而自我保全。节制，不仅仅饮食女色上应注意到，读书用心也要节制，不能过度劳累身体，我八本匾上说养生以少恼怒为本。又曾教导你胸中不宜太苦，要活泼泼的，养得一段生机，这也是去除恼怒的方法。既戒除了恼怒，又知道节制，养生之道，已经都在我这里了。

字谕纪泽：

　　尔十一日患病，十六日尚神倦头眩，不知近已痊愈否？

　　吾于凡事皆守"尽其在我，听其在天"二语，即养生之道亦然。体强者如富人，因戒奢而益富；体弱者如贫人，因节啬 _{节俭，节省}而自全。节啬非独食色之性也，即读书用心，亦宜俭约，不使太过，余八本匾 ^{曾国藩富厚堂厅正中挂"八本堂"匾，上书"读古书以训诂为本，作诗文以声调为本，养亲以得欢心为本，养生以少恼怒为本，立身以不妄语为本，治家以不晏起为本，居官以不要钱为本，行军以不扰民为本"}中言：养生以少恼怒为本。又尝教尔胸中不宜太苦，须活泼泼地，养得一段生机，亦去恼怒之道也。既戒恼怒，又知节啬，养生之道，已尽其在我者矣。此外，寿之长短，病之有无，一概听其在天，不必多生妄想去计较他。凡多服药饵，求祷神祇，皆妄想也。吾于药医、祷祀等事，皆记星冈公之遗训，而稍加推阐，教尔后辈。尔可常常与家中内外言之。

> 指天神和地神。泛指神明。祇 qí，

尔今冬若回湘，不必来徐省问，徐去金陵太远也。

> 省问　晚辈拜见、探望长辈。省 xǐng，
> 去　距，距离

近日贼犯山东，余之调度，概咨少荃宫保处。澄、沅两叔信，附去查阅，不须寄来矣。此嘱。

同治四年九月初一日

此外，寿命的长短，疾病的有无，一概听由老天爷决定，不必多胡思乱想去计较他。凡是经常服用丹药，向神明祈求保佑的，都是妄想。我对于吃药就医、祷告祭祀等事，都牢牢记取星冈公的遗训，进而稍加推究阐释，教导你们这些后辈。你可常常在家中内外讲讲这些道理。

你今年冬天若回湖南，不必来徐州省亲问安了，徐州离金陵太远了。

近日贼寇进犯山东，我的调度，都通知少荃宫保那里。澄侯、沅甫两位叔父的信，也附上寄去，不须寄来了。此嘱。

对于养生之道，曾氏信奉的是"尽其在我，听其在天"。他教导儿子读书不可过于辛苦，不要点灯熬油累垮了身体，而要"活泼泼地""养得一段生机"。做到了这一点，其他的则生死有命，不要多去想它，祈求什么神仙保佑、服食什么仙丹妙药都是徒劳。对照当今部分官员热衷于"不问苍生问鬼神"，曾氏在一百多年前倡导的这种人生观、生死观何其通透豁达。

字谕纪泽：

十七日接尔初十日禀，知尔病三次翻覆（反复），近已痊愈否？

舢板尚未到徐，而此间群贼萃（cuì。聚集）于铜、沛二县，攻破民圩（村寨。圩wéi）颇多，与微山湖相近，湖中水浅，近郡处又窄，舢板或畏贼不欲进耶。马步贼约六七万，火器虽少而剽悍（piāo hàn。敏捷勇猛）异常，看来凶焰尚将日长。吾已定与贼相始终，故亦安之若素（对于困危境地或异常情况，心情平静得像往常一样，毫不介意。安，心安；若，如同；素，平素、向来）。

文辅卿（文翼。曾国藩幕僚）自京来此，言近事颇详。九叔（曾国荃）浮言（无根据的话。这里指朝中对曾国荃的非议）渐息，霞仙虽降调，而物望（人望，众望）尚好，云仙（郭嵩焘）众望较减，

写信告纪泽知悉：

十七日接到你初十发的信，得知你的病三次反复，最近已经痊愈了吗？

舢板船还没到徐州，这里群贼聚集于铜、沛二县，攻破了很多村寨。此处离微山湖很近，湖中水浅，靠近郡县的地方河道又窄，船或许是害怕贼寇而不敢进湖吧。贼寇骑兵、步兵六七万人，火器虽少但异常剽悍，看来嚣张气焰还将持续一段时间。我已下定决心不消灭贼寇不罢休，所以也安之若素。

文辅卿从京城来到这里，把最近发生的事情详细叙述了一下。有关你九叔的流言渐渐平息，刘霞仙虽降职调任，但人望还不错，郭云仙的人望有所降低，皇帝对

他的礼遇也平平常常。不久前接到云仙的信，婚期已改到明年，这样你今年冬天也可以不回湖南了。云仙的原信抄给你看一看。

你母亲胃口很好，我非常欣慰！

天眷皇帝的恩宠亦甚平平。顷接云信，婚期已改明年，然则尔今冬亦可不回湘矣。原信钞去一阅。

尔母健饭很能吃饭，大慰！大慰！

同治四年九月十八日

评析

"无情未必真豪杰，怜子如何不丈夫。"曾氏在外是攻城拔寨、杀敌如麻的"曾剃头"，对家人却有一幅铁骨柔肠。听说儿子病情反复，他担心；听说妻子长饭量，他高兴。纵观前后几封信，开头都是先询问儿子的病情，流露出寻常人家慈父的温情。

字谕纪泽：

　　兹将邵位西墓铭付回，其兄之名空二字，尔可填写，交匠人钩摹刊刻。季公_{季芝昌}墓铭，匠人刻出太俗，无深厚之意，余字尚不如是_这薄也。尔可教张氏二匠，用刀须略明行气之法，刀下无气，则顺修逆描，全失劲健之气矣。

　　《几何原本序》付去，照收。

　　余十九日复奏李公_{李鸿章}入洛，李_{李宗羲。号雨亭。历任山西巡抚、两江总督}、丁_{丁日昌。字持静，号雨生藏书家，洋务运动先驱}迭迁_{连续升迁}一疏，尔可至李宫保署查阅。此嘱。

同治四年九月二十五日

写信告纪泽知悉：

　　现将邵位西的墓志铭寄回去，他兄长的名字空了两个字，你可填写进去，交由匠人钩摹刊刻。以前季仙九公的墓志铭，匠人刻得太俗气，没能刻出深厚的意蕴，我的字还不至于这样单薄。你可交代张氏两个匠人，用刀刻时须大概懂得行气之法，刀下没有力气，就得反复修改，全都失掉了劲健之气。

　　《几何原本序》寄回去了，查收。

　　我十九日回复禀奏李鸿章入河洛，李宗羲、丁日昌连续升迁的奏疏，你可以到李宫保署查阅。此嘱。

评析

　　这封信要结合同治四年九月十九日曾氏给朝廷上的奏疏来看，写信的背景是朝廷下旨让李鸿章率军入河洛剿匪，并且就李宗羲、丁日昌二人提拔一事征求曾国藩的意见。曾国藩在奏疏中指出，李、丁二人虽然有能力，但缺少多岗位任职的历练，如果破格提拔太快，恐怕招致别人的嫉妒和非议，建议蹲蹲苗，等二人赢得一些资历之后再提拔。曾氏一方面感谢朝廷对于让他保举人才的信任，但另一方面非常讨巧地指出，封疆大吏已经拥有了征伐之权，不应该再有人事任免的权力，以免结党营私，尾大不掉。实际上也是谦退之辞，以表明自己决无朋党之心，体现了曾氏高超的政治智慧。

字谕纪泽、纪鸿：

廿六日接纪泽排递〔驿站传递〕之禀，纪鸿舢板带来禀件、衣、书，今日派夫往接矣。

李老太太〔指李鸿章之母〕病势颇重，近日略愈否？深为系念。泽儿肝气痛病亦全好否？尔不应有肝郁之症，或由元气不足，诸病易生，身体本弱，用心太过。上次函示以节啬之道，用心宜约〔约束〕，尔曾体验否？张文端公（英）所著《聪训斋语》皆教子之言，其中言养身、择友、观玩山水花竹，纯是一片太和〔本指阴阳二气的协调。此形容一种雍和、纯正的气象〕生机，尔宜常常省览。鸿儿体亦单弱，亦宜常看此书。

写信告纪泽、纪鸿知悉：

二十六日接到纪泽从驿站传递过来的信件，纪鸿托舢板带来信件、衣服、书籍，今日派长夫前往接收。

李老太太病势很重，这几天略微好些了没？深深挂念。泽儿肝气痛的病，也全都好了吗？你不应该有肝气郁结之症，可能是由于元气不足，各种疾病容易发生，身体本来就弱，又操劳用心太过的原因。上次写信告诉你养生的节制之道，应节省使用心力，你曾体验了吗？张文端公（英）所著的《聪训斋语》都是教育子女的话，其中谈到养身、择友、观玩花竹、游玩山水，纯是一片纯正雍和的生机。你应经常看看这本书。鸿儿体质也很单薄，也应该常看此书。

我教育你们兄弟不在于读很多书，只把圣祖的《庭训格言》（家中还有数本）和张公的《聪训斋语》（莫家有一本，李申夫又在安庆刊刻一本）两本书作为教材，句句都是我发自肺腑想说的话。以后在家则栽种花竹，出门则饱看山水，金陵城百里内外，可以游览一遍。算术书千万不要再看了，读其他的书也应该以半天为限度。下午未时以后，就应休息游玩一下。古人把"惩忿窒欲"作为养生要诀。惩忿，就是我以前信中所讲的少生气；窒欲，就是我以前信中所讲的知道节制。因为争强好胜、好出名而用心太过，也

吾教尔兄弟不在多书，但在圣祖_{指康熙皇帝}之《庭训格言》（家中尚有数本）、张公之《聪训斋语》（莫_{莫友芝}宅有之，申夫_{李榕。字申夫。曾国藩幕僚}又刻于安庆）二种为教，句句皆吾肺腑所欲言。以后在家则莳_{shì。移植，栽种}养花竹，出门则饱看山水，环金陵百里内外，可以遍游也。算学书切不可再看，读他书亦以半日为率_{lǜ。限度}。未刻_{下午一点至三点钟}以后，即宜歇息游观。古人以惩忿_{同"愤"}窒_{zhì。遏制，抑制}欲为养生要诀。惩忿，即吾前信所谓少恼怒也；窒欲，即吾前信所谓知节啬也。因好名好胜而用心太过，亦欲之类也。药

虽有利，害亦随之，不可轻服。
切嘱。

同治四年九月晦日

是欲望的一种。药虽然有好处，
害处也有，不可轻易服用。切嘱。

　　两个儿子均体质虚弱，容
易生病，曾氏非常牵挂。信中他
引用古人"惩忿窒欲"的养生观
点，提醒儿子学习要劳逸结合，
不要用心太过。年轻人须要克制
的欲望不仅仅只是食色之欲，好
名好胜也是一种欲望，因此劳心
费神要以节制为上，千万不要急
功近利累垮了身体。不让儿子看
数学方面的书籍，也是考虑到数
学研究太费心神，不利于儿子的
身体康复。

見貧苦
親鄰須
多溫恤

见贫苦
亲邻须
多温恤

字谕纪泽：

尔病已好，慰慰！

此间贼于廿九日稍与徐郡派出之马队接仗，其夜即窜萧县。初一二日窜又渐远，现尚不知果^{究竟，终于，到底}窜何处。各兵既力求宽限，以后即限九日，以八百里之程，每日仅走九十里，并非强人所难^{勉强别人去做难以做到的事。}

张文端公《聪训斋语》兹付去二本，尔兄弟细心省览，不特于德业有益，实于养生有益。余身体平安，惟精神日损，老景^{衰老景况}逐增，而责任甚重，殊为悚惧。余不多及。

同治四年十月初四日

写信告纪泽知悉：

你的病已经好了，非常欣慰！

这期间贼寇于二十九日略微跟从徐州派出的骑兵交战，当天夜里就窜到了萧县。初一、初二又渐渐跑远了，现在还不知到底跑到了什么地方。既然各部队都力求宽限行军日期，以后就限九天时间，八百里的路程每天只走九十里，并非强人所难。

张文端公的《聪训斋语》现寄回去两本，你们兄弟俩细心阅读，不仅对于道德修养有益，实际上对于养生也很有帮助。我身体平安，只是精神日益损耗，老态渐增，然而又担当非常重大的责任，非常惶恐。别的不多说了。

评析

　　曾氏对于张文端公的《聪训斋语》推崇备至，数次写信向儿子推荐阅读，并要求家人对照书中内容反观自省。曾氏认为通过阅读学习此书，既可以陶冶情操、模塑品格，又可以颐养身体、保持身体健康。

字谕纪泽、纪鸿：

　　贼自初三、四两日在丰县为潘^{潘鼎新。字琴轩。淮军将领}军所败，仓皇西窜。行至宁陵，又为归德^{清朝府名。今为河南商丘}周盛波^{字梅舫。淮军将领}一军所败。据擒贼供称将窜湖北，不知确否。此间俟幼泉^{李昭庆。字幼泉。李鸿章六弟}游击之师办成，除四镇大兵外，尚有两枝大游兵，俓敷^{jīn fū。足够}剿办，但求朱、唐、金军遣撤不生事变，则诸务渐有归宿矣。

　　泽儿身体复元，思来徐州省觐，余拟于今冬至曹、济、归、陈四府巡阅地势，现尚未定，尔暂不必来。如余不赴齐^{山东}、豫^{河南}，尔至十二月十五以后前

写信告纪泽、纪鸿知悉：

　　贼寇自从初三、初四两天在丰县被潘鼎新军击败，仓皇向西逃窜，跑到宁陵，又被归德的周盛波的部队击败。据抓获的贼兵供称，他们打算逃往湖北，不知消息是否准确。我这里等李幼泉的游击军办成，除了驻守四镇的军队外，还有两支较大的流动部队，完全够剿匪使用，但求朱品隆、唐义训、金国琛军遣散撤销时不生事变，那么其他的各种事务就渐渐都有结局了。

　　泽儿身体复元，想来徐州看望我，我准备于今年冬天到曹州、济宁、归德、陈州四府巡阅地势，现在尚未确定，你暂且不必来，如果我不去山东、河南，你到十二月十五日以后前来徐州陪我

过年就行了。

彭笛仙在粮台，你们常相见吗？他学问的长处究竟如何？《聪训斋语》我认为可以祛除疾病，延年益寿，你们兄弟与松生、慕徐常常体验吗？可以写信说一下。此嘱。

来徐州，侍余度岁可也。

彭笛仙 _{彭嘉玉。字笛仙。曾国藩初期幕僚} 在粮台 _{为前方作战部队提供粮饷的后方基地}，尔常相见否？其学问长处，究竟何如？《聪训斋语》，余以为可却病 _{去病} 延年，尔兄弟与松生、慕徐常常体验否？可一禀及。此嘱。

同治四年十月十七日

评析

独学而无友，则孤陋而寡闻。曾氏希望儿子们能够多同朋辈中的才俊切磋交流，互相学习。他对晚辈的点滴进步也时刻挂心，希望儿子可以及时写信报告学习进度。

字谕纪泽、纪鸿：

余近日身体平安。

捻匪自窜河南后，久无消息。十九日之摺，顷接寄谕，业经照准批准。

明年寓中请师，顷桐城吴汝纶挚甫吴汝纶。字挚甫。清朝文学家、教育家来此，渠以本年连捷科举考试连续高中。一般指乡试考中举人后，接着会试又考中进士，得内阁中书清朝官职。内阁里的秘书人员，告假出京。余劝令不必遽尔进京当差，明年可至余幕中，专心读书，多作古文。因拟请其父吴元甲号育泉者至金陵教书，为纪鸿及陈婿之师。育泉以廪生秀才分为三等，成绩最好的称为"廪生"，由国家按月发给粮食；其次称为"增生"，不供给粮食；第三是"附生"，即才入学的附学生员。廪lǐn，官府发给的口粮举孝廉方正正式科举之外特设的举荐之科。被推荐的人经过礼部验看考试，便可授官，其子汝纶，系

写信告纪泽、纪鸿知悉：

我近日身体平安。

捻匪自逃窜到河南以后，很久没有消息。十九日上的奏摺，很快接到了回复的圣谕，已经批准。

明年寓所中请先生，不久前桐城吴挚甫来这里，他因为今年科举考试连续高中，被授予内阁中书的官职，请假出了京城。我劝他不必立刻进京当差，明年可到我的幕府之中，专心读书，多作古文。因此，打算请他的父亲吴元甲（号育泉）到金陵教书，当纪鸿和陈家女婿的先生。育泉以廪生身份被举荐孝廉方正，他儿子汝纶是他一手调教成才的。

挚甫听我这么说，欣然接受，回去告诉其父亲，想必也会允许。只是澄侯、沅甫两个叔叔已答应将富圫让与我家居住，明年将送全体家眷回湖南，吴先生来金陵恐怕不会太长久。挚甫由徐州赶赴金陵，我准备派差官送他，一切事宜你可与他当面商量。

鸿儿每十天应该写一封信，字应写得稍大一点，墨色要浓厚。此嘱。

一手所教成者也。挚甫闻此言欣然乐从，归告其父，想必允许。惟澄、沅叔已答应将富圫让与我家居住，明岁将送全眷回湘，吴来金陵恐非长久之局。挚甫由徐赴金陵，余拟派差官（旧时官府中供差遣的小官吏）送之，尔可与之面商一切。

鸿儿每十日宜写一禀，字宜略大，墨宜浓厚。此嘱。

同治四年十月二十四日

吴汝纶是桐城派后期主要代表作家之一，提倡西学，博雅多才，一生著作等身，影响深远。曾氏素来爱才，借会晤吴的机会，诚邀其在幕府中"读书""作文"，并想请吴的父亲当儿子纪鸿和二女婿陈松年的老师。日后来看，曾氏的这一举动起到了"双赢"的效果。一方面，家里晚辈跟随名家大儒学习，进步飞快；另一方面，吴汝纶也在曾氏的培养和拔擢下将曾氏倡导的"由训诂以通文辞"的文学理念发扬光大，与张裕钊、黎庶昌、薛福成号称"曾门四弟子"。曾国藩对吴也有高度的评价："吾门人可期有成者，惟张（张裕钊）、吴（吴汝纶）两生。"

写信告纪泽知悉：

　　彭宫保尚在安庆，松生陪王益梧去，恐怕碰不着，抑或是另外还有其他事要办？

　　河南吴中丞上奏疏称"河南省情形万分艰难，他任职干不出成绩，请另选贤能"。谕旨又催促我转移营地。现在因为湖团一案，关系极大，必须到徐州料理。新年即将移驻河南的周家口，你可在腊月来徐州看望我，跟我一起过年。由金陵坐船到清江，在清江雇王家营轿车到徐州，我派一名武官至清江迎接。大约水路陆路全程不过十二三天的路程。

字谕纪泽：

　　彭宫保[彭玉麟。字雪琴。清朝政治家、军事家、书画家。湘军水师统帅。因功加太子少保衔，官至兵部尚书]尚在安庆，松生陪王益梧[王先谦。字益梧。时为翰林院庶吉士，后官至汉苏学政。著述颇丰]去，恐无所遇，抑别有他营耶？

　　河南吴中丞[吴昌焘，字仁甫，号少村。河南巡抚]疏称"豫省情形万难，供职无状[没有功绩]，请另简[选择]贤能"。谕旨又催移营。现因湖团一案[同治年间，山东移民和沛县当地土著由于争地而发生的大规模械斗事件。湖团，垦种湖田的农民组成的团练]，关系极大，必须至徐料理。新年即将移驻河南之周家口，尔可于腊月来徐省觐，随同度岁。由金陵坐船至清江，清江雇王家营轿车[旧时车厢外有帷子的载人马车]至徐，余派弁至清江迎接。大约水陆不过十二三日程耳。季荃（李鹤章。字仙侪，号季荃。李鸿章三弟）无病，何必托词不来？

《聪训斋语》俟觅得再寄。余前信欲乞慕徐斋头（书斋）《全唐文》残本中韩文一种，尔曾与慕徐说及否？《明史》亦未带来。其时尔疾未瘥，鸿儿看信或不细心，尔腊月来营，可将此二书带来。《明史》即将陈刻本带来亦可。王氏《广雅疏证》可附带也。

同治四年十一月初六日

李季荃没病，为什么找借口不来？

《聪训斋语》等找到再给你寄过去。我之前写信想要郭慕徐书斋里《全唐文》残本中韩愈文章一种，你曾跟慕徐说这事儿了吗？《明史》也没有带来。那时你的病没痊愈，纪鸿儿看信或许不细心。你腊月来营，可将这两本书带来。《明史》就把陈刻本带来也行。王氏《广雅疏证》可以一起带来。

评析

　　"湖团案"是咸丰、同治年间震动全国的大案，起因是黄河泛滥，原本在徐州沛县居住的百姓背井离乡、四处逃难，洪水退却后，从山东迁徙过来的移民在原本抛荒的土地上开垦耕作，与部分回迁的沛县原住民发生冲突矛盾，械斗死伤严重。太平天国运动期间，借"剿捻"之名，山东移民纷纷创立团练，从此才有了"湖团"之名，一时间，天灾、人祸、农民起义、族群争斗交织在一起，使这里的矛盾更加错综复杂。曾国藩临危受命去处理这一棘手难题，他采取了高压和怀柔、折中与调和相结合、不偏不倚的灵活政策，最终把事态平息。对于曾氏"和稀泥"式的处理办法，虽然后世也有非议，但在当时条件下已属上策，展现出其非凡的政治才能。

字谕纪泽、纪鸿：

余明年正月即移驻周家口，该处距汉口八百四十里，距长沙一千六百余里，距金陵亦一千三百余里，两边皆系陆路，通信于金陵与通信于长沙，其难一也。

泽儿来此省觐，送余移营起程后即回金陵，全眷仍以三月回湘为妥。吴育泉正月上学，教满两月，如果师弟相得 <u>互相投合。比喻相处得很好。得，中意，合适</u>，或请之赴湖南，或令纪鸿、陈婿随吴师来余营读书，亦无不可。家中人少，不宜分作两处住也。

余日来核改水师章程，将

写信告纪泽、纪鸿知悉：

我明年正月就移驻周家口了，该处距离汉口八百四十里，距离长沙一千六百余里，距金陵也有一千三百余里，两边都是陆路，通信到金陵和长沙是一样的困难。

泽儿来此看望我，送我移营启程后就回金陵，全体家眷仍然以三月份回湖南为好。吴育泉正月教课，教满两个月，如果师傅徒弟果真相处得很好，那么或请他同赴湖南，或让纪鸿、陈婿跟随吴老师来我的军营读书也行。家中人少，不宜分开在两个地方住。

我近日来审核修改水师章程，马上完工，只有从提督、镇军以下到千总、把总，每年各领养廉银多少，我这里没有书可以查阅。泽儿可翻阅《会典》，查出数据寄过来。凡是依据现行治国制度的，就查《会典》；凡是有原来制度沿袭下来或者改革的，就查阅事例。武职的养廉银，最早记载于乾隆四十七年补足名粮案内；文职的养廉银，最早记载于雍正五年耗羡归公案内。你仔细查询一下武职养廉银的数目，这几天先寄过来。另外，还有提督一职，在《明史·职官志》"都察院"条目中有记载，本来总督、巡抚等官都是能带兵的文职，不知什么时候改为的武职。你尝试翻阅

次完竣，惟提（提督。一省的军事长官）镇（总兵。清朝各省于军事要地设镇（少则两个，多则七个），由总兵管制，故称总兵镇）以下至千（千总。下级军官，正五六品武官）把（把总。正七品武官），每年各领养廉（养廉银。清官员于正常薪金外，另得的一份银两）若干，此间无书可查。泽儿可翻《会典》（《大清会典》。记载清代政典事例），查出寄来。凡经制（治国的制度）之现行者查典；凡因革之有由者查事例。武职养廉，记始于乾隆四十七年补足名粮案内；文职养廉，记始于雍正五年耗羡归公案内。尔细查武养廉数目，即日先寄。又提督之官，见《明史·职官志》都察院（明清两代的国家监察机关）条内，本与总督、巡抚等官皆系文职而带兵者，不知何时改为武职，尔试翻寻《会典》，或询

之凌晓岚、张啸山 _{张文虎。字啸山。清朝}_{学者。曾国藩幕僚。时}

_{在江宁}等，速行禀覆。
_{编书局}

查找《会典》，或向凌晓岚、张
啸山等询问，马上写信报过来。

同治四年十一月十八日

对于修改水师章程这样的
重要文件，曾氏态度严谨，一丝
不苟，"凡经制之现行者查典，
凡因革之有由者查事例"。对于
自己印象模糊或因由不解的数
据、典故，立即写信让儿子帮助
查资料、找人问询，务求字字有
出处，条条有依据。这样的工作
作风对于当今出台文件、政策、
法律仍有很好的示范意义。

评
析

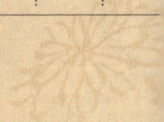

写信告纪泽知悉：

　　蒋大春带来《会典》五册、《明史》一册。本朝开国之初提督还是文武兼职，后来变成专门武职，不知是什么时候开始的。明朝时有挂印总兵，以总兵兼挂平西将军、征南将军等印。我大清朝总兵也有时候存挂印之名，但实际上并没有真印。不知从哪年开始连挂印总兵之名也去掉了，你试着问问刘伯山还记不记得。水师章程定于十二月写好奏报朝廷。如果最后查不出来也不要紧，凡办事情，不一定非要讲考据。

字谕纪泽：

　　蒋大春赍_{亻带。给人送东西}到《会典》五册、《明史》一册。国初_{本朝开国之初}提督尚文武兼用，厥后专用武职，不知始于何时。前明_{明朝}有挂印总兵，以总兵而挂平西将军、征南将军等印。国朝_{当朝人称本朝}总兵亦间存挂印之名，而实无真印。不知何年并挂印之名而去之，尔试问刘伯山能记之否。水师章程定于十二月出奏，如其查不出，亦不要紧，凡办事，不必定讲考据也。

同治四年十一月二十九日

承接上一封信，曾氏仍然在为修订水师章程的事考据求证。但结尾处却说，查不出来也没关系，"凡办事，不必定讲考据也"，体现出了一定的工作灵活性。曾氏看来，"治学"和"办事"在严谨程度上还是有一些区别。同时，我们也要看到，这种"不必定讲考据"，是基于做了大量考据工作基础之上的"灵活"，绝不是赞同办事可以马虎糊弄。

写信告纪鸿知悉：

　　你学习柳公权的《琅邪碑》帖，模仿它的骨力，但失去了它的结构；有几分它的开张形态，但却没它的刮垢磨光的气势。古人字帖本来就不容易学好，然而你还只学了不过十天，怎能学到他全部的优点，收效如此神速？

　　我过去学习颜真卿、柳公权的字帖，临摹动不动就是几百张纸，尚且还写的一点都不像。四十岁以前在京城所写的字，骨力与间架结构都没有可取之处，自己都感到羞愧以至于厌恶自己的字。四十八岁之后，学习李邕的《岳麓寺碑》，略有进步，然而也是历经八年之久，临摹已超过一千张纸。如今你用功不到一个月，就想一步达到神妙的境界吗？我在任何事情上都是因"遇到困难而知勤勉"进而下苦功夫，你不

字谕纪鸿：

　　尔学柳帖《琅邪碑》，效其骨力，则失其结构；有其开张，则无其挽 wán。刮磨 搏。古帖本不易学，然尔学之尚不过旬日 十来日，焉能众美毕备，收效如此神速？

　　余昔学颜、柳帖，临摹动辄数百纸，犹且一无所似。余四十以前在京所作之字，骨力间架皆无可观，余自愧而自恶之。四十八岁以后，习李北海《岳麓寺碑》，略有进境，然业历八年之久，临摹已过千纸。今尔用功未满一月，遂欲遽跻 jù jī。很快上升，迅速达到 神妙耶？余于凡事皆用"困知勉行" 语出《礼记·中庸》。大意是：在不断克服困难中求得知

识，有了知识就勉力实行。困知，遇困而求知；勉行，尽力实行 功夫，尔不可求名太骤，求效太捷也。以后每日习柳字百个，单日以生纸临之，双日以油纸摹之。临帖宜徐，摹帖宜疾，专学其开张处。数月之后，手愈拙、字愈丑，意兴 兴致 愈低，所谓困也。困时切莫间断，熬过此关，便可少进。再进再困，再熬再奋，自有亨通精进之日。不特 不仅，不只 习字，凡事皆有极困难之时，打得通的，便是好汉。

余所责尔之功课并无多事，每日习字一百，阅《通鉴》五页，诵熟书一千字（或经书或古文、古诗或八股试帖，从

可追求成名太急，求效果太快。以后你每天练习写柳体字一百个，逢单日用生纸临写，逢双日用油纸摹写。临帖要缓慢，摹帖要快速，专学它字势开张的地方。几个月之后，手越来越笨拙，字越来越丑，兴趣越来越低，这就叫"困"。困难的时候切莫中断，熬过这一关，便会稍稍有进步。再进步，又会再遇到困难，要再熬再发奋，自然有贯通进步的时候。不只是练字，凡事都有极其困难的时候，努力做到了的，就是好汉。

我对你的功课要求并没多少事可做，每天练字一百个，读《通鉴》五页，诵读熟悉的书一千字（或是经书或古文、古诗，或是八股

试帖，从前读过的书就是熟书。总要高声朗诵，以能够背诵为止）。每月逢三、十三、二十三与初八、十八、二十八日作一篇文章、一首诗。这功课十分简单，每天不过两个时辰就能完成，而看书、诵读、写字、作文四者都具备了，余下的时间就任凭你自己做主。

你母亲想让全家住在周家口，千万不行。周家口河道很窄，与永丰河类似。而我驻扎在周家口也不是长久之计，因此还是要下决心全体家眷回湖南。

纪泽等到身体全部复原了，二月初回金陵。我于初九启程。此嘱。

前读书即为熟书。总以能背诵为止，总宜高声朗诵）。三八日_{初三、十三、二十三与初八、十八、二十八日}作一文一诗。此课极简，每日不过两个时辰即可完毕，而看、读、写、作四者俱全，余则听尔自为主张可也。

尔母欲以全家住周家口，断不可行。周家口河道甚窄，与永丰河相似。而余驻周家口亦非长局，决计全眷回湘。

纪泽俟全行复元_{恢复健康}，二月初回金陵，余于初九日起程也。此嘱。

同治五年正月十二日

　　此封信中，曾氏对于儿子练习书法急于求成的心态进行了批评指导。曾氏认为不仅是练字，做事情都有一个周期性、螺旋式上升的过程。比如练书法，几个月后，就会遇到"手愈拙、字愈丑，意兴愈低"的困顿期，坚持下来克服了它就会有进步，有进步还会再遇到困顿，周而复始形成一个"遇到困难—知勤勉—下功夫－再遇到困难"的成才模式。在这样的循环往复中，才会融会贯通，不断进步。所以他积极鼓励儿子，有克服困难的勇气，"便是好汉"。

写信告纪鸿知悉：

最近没有接到你的信，想必全家平安。

我定在二月九日由徐州起程，经山东济宁、兖州，河南归德、陈州等处，驻扎在周家口，作为老营。纪泽定于二月初一启程，花朝节前后可抵达金陵，三月初送全体家眷回湖南。

你外出两年多了，写诗作文都没有什么长进，明年乡试，不可不认真练习八股试帖。咱们家乡很难找到什么名师，长沙书院也有很多游乐应酬的习气，我不放心。你到安黄后，可与方存之、

字谕纪鸿：

日内未接尔禀，想阖寓 全家 平安。

余定以二月九日由徐州起程，至山东济 济宁州、兖 yǎn。兖州府，河南归 归德府、陈 陈州府 等处，驻扎周家口，以为老营 军队长期驻扎的营房或武装根据地 。纪泽定于初一日起程，花朝 民俗活动

"花朝节"的简称。是纪念百花的生日。旧俗以农历二月十五为百花生日。节日期间，人们结伴到郊外游览赏花称为"踏青"，姑娘们剪五色彩纸粘在花枝上，称为"赏红" 前后可抵金陵，三月初送全眷回湘。

尔出外二年有奇 多一点，零头。奇 jī ，诗文全无长进，明年乡试，不可不认真讲求八股试帖。吾乡难寻明师，长沙书院亦多游戏征逐之习，吾不放心。尔至安

黄后，可与方存之 _{方宗诚。字存之。清朝古文家} 、吴挚甫同伴，由六安州坐船至周家口，随我大营读书。李申夫于八股试帖最善讲说。据渠论及，不过半年，即可使听者欢欣鼓舞，机趣 _{趣味，风趣} 洋溢而不能自已。尔到营后，弃去一切外事，即看《鉴》、临帖、算学等事，皆当辍 _{chuò。停止，中止} 舍，专在八股试帖上讲求 _{修习研究}，丁卯 _{同治六年} 六月回籍乡试，得不得虽有命定，但求试卷不为人所讥笑，亦非一年苦功不可。

同治五年正月二十四日

吴挚甫结伴同行，由六安州坐船到周家口，跟随我在大营读书。李申夫最善于讲授八股文试帖诗。据他所说，不超过半年，就可让听课的人欢欣鼓舞、趣味盎然欲罢不能。你到大营后，抛开一切功课外的活动，即便是《资治通鉴》、临帖、数学等课业也都要停下来，专心在八股试帖上修习研究，丁卯六月回原籍参加乡试，能不能得中虽是命中注定，就算只求试卷不被人讥讽嘲笑，也非得下一年苦功夫不可。

　　二儿子纪鸿酷爱数学、天文、地理、舆图等学科，对于练习应试的八股文没什么兴趣，诗文水平一般。信中，曾氏为了督促二儿子下苦功夫，刻意选聘了精于八股试帖的授课名师，令纪鸿"弃去一切外事"跟他到军营中做考试前的封闭式训练。实际上，作为中国洋务运动的创始人之一，曾氏对于八股取士的弊端不是没有洞见，只是作为封建社会的"忠臣孝子"，即便是"睁眼看世界"的曾国藩，在家庭教育中仍然不能做到完全开明，还是坚持"科场求功名"是男儿的立身正道。曾纪鸿后来多次应试榜上无名，最后仅得了一个"誊录附贡生"，但在数学方面，纪鸿却自学成才，著有《对数评解》《圆率考真图解》《粟布演草》等多部传世专著。父母究竟要朝什么方向培养孩子？曾氏父子的故事对于今天的家庭教育是一个很好的镜鉴。

字谕纪鸿:

　　凡作字,总要写得秀。学颜、柳,学其秀而能雄;学赵、董_{董其昌。字玄宰,号思白、香光居士。明朝书画家},恐秀而失之弱耳。尔非下等资质,特_{只,仅,不过}从前无善讲善诱之师,近来又颇有好高好速之弊。若求长进,须"勿忘而兼以勿助"_{即勿忘勿助。语出《孟子·公孙丑上》。意为心中不要忘记,也不要揠苗助长},乃不致走入荆棘耳。

　　同治五年二月十八日,徐州行次

写信告纪鸿知悉:

　　凡是写字总要写得秀气。学习颜真卿、柳公权,要学他们秀气又能雄健有力;而学习赵孟頫、董其昌,恐怕会虽得秀气但失之于笔力软弱。你并不是下等资质,仅仅是因为从前没有善于讲解、善于诱导的老师教导你,近来又有些好高骛远、追求速效的毛病而已。如果想要追求进步,还须独守清静,保持自然,这样才不致误入歧途。

曾氏对于儿子好高骛远、急于求成的毛病，多次寄语，要他保持耐心，贵在有恒。在曾氏看来，不论是写书法还是作文章，都须一步一个脚印，日积月累，长期用功，切不可操之过急、拔苗助长，否则会欲速不达。因此要抱守道家文化中"勿忘勿助"的理念，让进步遵循自然而然的规律。这对于今天的家庭教育而言，也不失为一种"科学发展观"。

原文

字谕纪泽、纪鸿：

接纪泽在清江浦、金陵所发之信。舟行甚速，病亦大愈，为慰！

老年来始知圣人_{指孔子}教"孟武伯问孝"_{典出《论语·为政》：孟武伯问孝。孔子曰："父母，唯其疾之忧。"大意是：孟武伯问孔子什么是孝。孔子说："只要身体没有疾病就是对父母最大的孝顺。"}一节之真切。尔虽体弱多病，然只宜清静调养，不宜妄施攻治_{医治}。庄生_{庄子}云："闻在宥_{任物自在，无为而化。在，自在；宥 yòu，宽}天下，不闻治天下也。"东坡取此二语，以为养生之法。尔熟于小学，试取"在宥"二字之训诂体味一番，则知庄、苏皆有顺其自然之意。养生亦然，治天下亦然。若服药而日更数方，

导读

写信告纪泽、纪鸿知悉：

接到纪泽在清江浦、金陵所发的信。船开得很快，病也好了大半，感到欣慰！

老了之后才开始体会孔圣人教导"孟武伯问孝"典故的真切确切。你虽然体弱多病，然而只适宜清静调养，不适宜胡乱医治。

庄子说："听说过任天下安然自在地发展，没有听说要对天下进行治理。"苏东坡选取这两句话作为自己的养生之法。你熟悉小学，尝试着对"在宥"两个字的解释再仔细体味一番，就会体会到庄子、苏轼都有顺其自然的意思。养生是这个道理，治理天下也是这个道理。如果吃药一天变

好几个药方，没事儿一天到晚大补，小病就胡乱下猛药，强求发汗，就会像商鞅治理秦国、王安石治理宋朝一样，全失去了自然的妙趣。柳宗元所说的"名义上爱他，实际上是在伤害他"，陆游所说的"天下本来无事，庸俗的人自惹的"，都是说的这个道理。苏东坡《游罗浮山》诗道："小儿少年有奇志，中宵起坐存黄庭。"下笔用了一个"存"字，正符合庄子"在宥"两个字的意思。大概苏氏兄弟父子都讲究养生，悄悄汲取了道家黄老之学的精髓，所以称赞其儿子为有非凡的志向。以你的聪明，难道还看不透这个意思？我教

无故而终年峻补，疾轻而妄施攻伐_{指轻率地服药治病}，强求发汗，则如商君_{商鞅。号商君。本姓公孙，因辅助秦孝公变法有功，封于商，故称。他的变法使秦国变得强大，但方法过于简单粗暴}治秦、荆公_{王安石。因封荆国公，世称荆公。在任宰相期间，厉行改革，受到顽固派阻挠，因而被一再免职}治宋，全失自然之妙。柳子厚_{柳宗元}所谓"名为爱之，其实害之"，陆务观_{陆游}所谓"天下本无事，庸人自扰之"，皆此义也。东坡《游罗浮》诗云："小儿少年有奇志，中宵起坐存_{存思，存想。道家修炼之法，即凝心反省}黄庭_{《黄庭经》。道教的养生经书}。"下一"存"字，正合庄子"在宥"二字之意。盖苏氏兄弟父子皆讲养生，窃取黄老_{皇帝和老子。道家尊奉他们为始祖，故称道家为黄老}微旨_{精微的要旨}，故称其子为有奇志。以尔之聪明，岂不能窥透

此旨？余教尔从眠食二端用功，看似粗浅，却得自然之妙，尔以后不轻服药，自然日就_{接近}壮健矣。

余以十九日至济宁，即闻河南贼匪图窜山东，暂驻此间，不速赴豫。贼于廿二日已入山东曹县境，余调朱星槛_{名式元。湘军将领}三营来济护卫，腾出潘军赴曹攻剿。须俟贼出齐境，余乃移营西行也。

尔侍母而行，宜作还里_{还乡、回归故里、乡里}之计，不宜留连_{留恋，逗留}鄂中。仕宦之家，往往贪恋外省，轻弃其乡，目前之快意甚少，将来

你从睡眠和饮食两个方面下功夫，看似道理粗浅，却能得到自然的妙趣。你以后不要轻易服药，自然一天天就变健壮了。

我十九日到济宁，就听说河南贼匪企图逃窜到山东，所以暂时驻扎在这里，不着急赶赴河南。贼寇于二十二日已进入山东曹县境内，我调朱星槛三营来济宁护卫，腾出潘鼎新的军队赶赴曹县剿匪。必须等到贼寇离开了山东境内，我才移营向西进发。

你一路侍奉母亲西行，应该早点做回老家的打算，不应该留恋湖北。仕宦之家，往往贪恋外省，轻易抛弃家乡，这样做眼前得到的快乐不多，将来所承受的负

累很大。咱们家应尽力矫正这个毛病。

之受累甚大。吾家宜力矫此弊。

同治五年二月二十五日

评析

随着曾氏家族出将入相，加官晋爵，家族人等也跟着离开老家来到省城或军中省亲暂住。外省的安逸繁华自然非家乡可比，曾氏担心家族子弟会因为贪恋富贵而不愿意回故乡，所以再三写信催促家眷早日动身回籍，否则"目前之快意甚少，将来之受累甚大"，体现出曾氏对于清正家风的不懈持守。

字谕纪泽：

全眷起行，已定十七、廿六两日，当可从容料理。得沅叔二月十三日信，定于三月初间赴鄂履任_{赴任，到职}。尔等到鄂，当可少为停留。

贼在山东，余须留于济宁就近调度，不能遽至周家口。纪鸿儿过安庆时，不可轻赴周口，且随母至湖北再行定计_{计划}。

尔过安庆，往拜吴挚甫之父育泉翁，观其言论风范，果能大有益于鸿儿否？如其蔼然可亲，尔兄弟即定计请之，同船赴鄂，即在沅叔署中讲书。若余抵周家口，距汉口

写信告纪泽知悉：

全体家眷启程已定在十七、二十六两天，应当可以从容料理。得到你沅甫叔二月十三日发的信，他定于三月初间赴湖北履任官职。你们到了湖北，可以稍微停留几日。

贼寇在山东，我必须留在济宁就近调度，不能很快到周家口。纪鸿儿路过安庆时，不可轻易到周家口来，暂且跟随母亲到湖北再做决定。

你路过安庆，前往拜访吴挚甫的父亲吴育泉老先生，观察他的言论风范，是不是真能对鸿儿大有裨益呢？如果你感到他和蔼可亲，你们兄弟决定聘请他，那就同船一起到湖北，就在你沅甫叔官署中讲课。如果我抵达周家口，距离汉口八百四十里，纪鸿

来看我还不是很难，你就护送母亲回湖南，不必在湖北久住。

金陵官署里稍好一些的木器不必带去。我打算寄回去银子三百两，请澄候叔在湘乡、湘潭置办一些木器，送到富圫。木器但求结实，不求华贵。衙门木器等物件，除少部分送人外，其余都交给姚姓、张姓房主，稍稍留一个走后的念想。

八百四十里，纪鸿省觐，尚不甚难。尔则奉母还湘，不必在鄂久住。

金陵署内木器之稍佳者不必带去。余拟寄银三百，请澄叔在湘乡、湘潭置些木器，送于富圫。但求结实，不求华贵。衙门木器等物，除送人少许外，余概交与房主姚姓、张姓，稍留去后之思 人走后留给他人的思念。

同治五年三月初五日

评析　孩子求学受教，好老师难得。曾氏为了促进儿子的学业，想方设法将当世桐城派大家吴挚甫父子请来府上赐教。同时，曾氏也没有简单地把"大专家"和"好老师"画等号，而是让孩子们"观其言论风范"是否真的对自己学业"有益"再做聘师决定，体现出科学、务实的教育理念。

字谕纪泽、纪鸿：

顷据探报，张_{张宗禹}逆业已回窜，似有返豫之意。其任_{任化邦}、赖_{赖文光。清末东捻军统帅}一股锐意_{意志坚决专一}来东，已过汴梁_{开封的别称}。顷探亦有改窜西路之意。如果齐省一律肃清，余仍当赴周家口，以践前言。

雪琴之坐船已送到否？三月十七果成行否？沿途州县有送迎者，除不受礼物、酒席外，尔兄弟遇之，须有一种谦谨气象，勿恃有清介_{清正耿直}而生傲惰也。

余近年默省之"勤、俭、刚、明、忠、恕、谦、浑"八德，曾为泽儿言之，宜转告与鸿儿。就中_{此中，其中}能体会一二字，便有日

写信告纪泽、纪鸿知悉：

刚刚根据探报，张宗禹部匪寇已经往回逃窜，似乎有返回河南的意图。其中捻军的任化邦、赖文光这股匪寇一心向东进犯，已过了汴梁。最近的探报显示也有向西路流窜的意图。如果山东省彻底肃清，我仍然应赶赴周家口，以履行之前说过的话。

彭雪琴的坐船是否已经送到？三月十七日果真能去成吗？沿途州县如果有迎接欢送的，除了不要接受礼物、酒席外，你们兄弟遇人要展现出一种谦虚谨慎的气象，不要仗着清正耿直而产生傲气慢待人家。

我近年来默默体会"勤、俭、刚、明、忠、恕、谦、浑"八种德行，曾经跟纪泽说过，应转告纪鸿。你们能体会其中的一两个字，便

每日有进步的气象了。

泽儿天质聪颖，但缺点在过于精明灵活，宜从"浑"字上用些工夫。鸿儿则要从"勤"字上用些工夫。用功不能太苦了，须探讨些趣味出来。

我身体平安，告诉你母亲放心。此嘱。

进之象。

泽儿天质聪颖，但嫌过于玲珑剔透_{本指珍玩器物精巧有致。此喻人的聪明乖巧。略带贬义}，宜从浑_{含浑，不苛察}字上用些工夫。鸿儿则从勤字上用些工夫。用工不可拘苦，须探讨些趣味出来。

余身体平安，告尔母放心。此嘱。

同治五年三月十日夜，济宁州

曾氏结合自己多年做官、带兵、交友、治学的经验，总结出"勤、俭、刚、明、忠、恕、谦、浑"八德，每天扪心自省。信中他也要求儿子认真领会这"八德"的深意，对照自己性格和习惯上的缺点，有针对性地加以改正。在待人接物方面，曾氏特别叮嘱两个儿子，返乡途中如遇当地官员送迎，不收礼物是应该的，但也不可仗着清正耿直而滋生傲慢怠惰的情绪，要谦虚谨慎，以礼待人。

字谕纪泽、纪鸿：

　　四月十日接尔二人在裕溪口所发禀，二十二日接纪泽在安庆一信，二十四日接纪泽在九江所发信，知沿途清吉*平安吉祥*为慰。此时想已安抵湖北。沅叔恩明谊美，必留全眷在湖北过夏。余意业已回籍，即以一直到家为妥。富坨房屋如未修完，即在大夫第*曾国荃在家乡修建的住宅*借住。

　　纪鸿即留鄂署读书。世家子弟既为秀才，断无不应科场之理。既入科场，恐诗文为同人所笑，断不可不切实用功。科六*曾国荃次子纪官*与黄泽生*曾纪官兄弟的教书先生*若来湖北，纪鸿宜从之讲求八股。

写信告纪泽、纪鸿知悉：

　　四月初十接到你们俩在裕溪口发出的信，二十二日收到了纪泽在安庆发的一封信，二十四日收到了纪鸿在九江所寄来的信，知道沿途平安吉祥，很欣慰。此时想必你们已安全抵达湖北。沅甫叔盛情美意，肯定要留全家在湖北过夏天。我的意思是，既然已经回原籍，最好就以一直到家为妥。富坨房屋如果还没修缮完，就暂时在大夫第借住。

　　纪鸿就留在湖北官署中读书。世家子弟既然做秀才，绝没有不去参加科举考试的道理。既然去科场，怕诗文被同辈人取笑，绝不可不切实用功。科六与黄泽生如果来湖北，纪鸿应跟随他们学习八股文。湖北有胡东谷，是一位写八股文的好手。此外还有什么高手吗？你可向沅甫叔商量禀告，找一个善于讲八股文的老师向其学习。

我还不能立刻赶赴周家口，李申夫也不能马上调遣赶赴湖北，路途遥远而且离贼军骚扰地近，鸿儿不可冒昧来军营，就在武昌沅甫叔的身边苦心作诗文、经策吧。

湖北有胡东谷，是一时文好手。此外尚有能手否？尔可禀商沅叔，择一善讲者而师事之。

余尚不能遽赴周家口，申夫亦不能遣赴鄂中，道远而逼近贼氛 敌人的气势、凶焰，鸿儿不可冒昧来营，即在武昌沅叔左右苦心作诗文、经策 明清乡试的固定题型。经，对四书、五经经义的理解与发挥；策，对经史与时事的认识与判断。

同治五年四月二十五日，济宁

评析

终于到了举家返回原籍的日子，曾国藩怕路途中经过九弟做官的湖北，家人会被曾国荃盛情挽留下来过夏天，因此写信提醒儿子，既然已经决定回去，中途最好不要逗留，一直走到家为止，以免生变。不贪恋富贵繁华之乡，这是曾氏对家人一贯的要求。

字谕纪泽、纪鸿：

前接泽儿四月廿一日信，兹又接尔二人廿七日禀，知九叔母率眷抵鄂，极_尽骨肉团聚之乐。宦途亲眷，本难相逢，乱世尤难。留鄂过暑，自是至情_{至善之情}。鸿儿与瑞侄一同读书，请黄泽生看文，恰与我前信之意相合。

屡闻近日精于举业_{为应对科举考试准备的学业}者，言及陕西路闰生先生（德）_{路德。字闰生。官至户部郎中。因眼疾辞归，掌管陕西各书院}《仁在堂_{路德书斋名}稿》及所选《仁在堂试帖》《律赋》《课艺》无一不当行_{内行}出色，宜古宜今_{合于古今}。余未见此书，仅见其所著《柽（chēng）花馆试帖》，久为佩仰。陕西近三十年科第

写信告纪泽、纪鸿知悉：

不久前接到纪泽儿四月二十一日所发的信，现在又接到你们两人二十七日发的信，得知九叔母率家眷抵达湖北，极尽骨肉团聚之乐。在外做官的人的亲眷，本就难以相逢，乱世年代更难见面。留你们在湖北过夏天，自然也是出于深厚的亲情。鸿儿与纪瑞侄儿一同读书，请黄泽生把关文章，恰恰与我前封信的意思一样。

近日多次听说，精于科举的人谈起陕西路闰生先生的《仁在堂稿》及其所选《仁在堂试帖》《律赋》《课艺》，没有一样不内行出色，古代、当代的都极好。我没看过这本书，仅看过他所著的《柽花馆试帖》，仰慕已久。陕西近三十年科场考试及第之人，

没有一个不是出自闰生先生的门下。湖北官员中，想来也有他的门生。纪鸿与纪瑞侄儿等需要买《仁在堂全稿》《柽花馆试帖》悉心揣摩，如果武汉买不到就由送奏摺的专差从京城买回也行。

鸿儿信中说，准备专门读唐代人的诗文。唐诗固然应该专读，唐代文章除韩愈、柳宗元、李翱、孙樵外，几乎没有一个不作四六骈文的，也可以不用多读。明年纪鸿、纪瑞两人最好应专攻八股试帖，选《仁在堂全稿》中比较好的文章。读的时候定要手抄，熟可以背诵。你在信中说："读一篇文章，一定要能够背诵，才读其他文章。"如果真能践行此言，实在是应试的好方法。读《柽

中人，无一不出闰生先生之门。湖北官员中想亦有之。纪鸿与瑞侄等须买《仁在堂全稿》《柽花馆试帖》悉心揣摩，如武汉无可购买，或摺差^{相当于现在的邮差。古时称其为地方大员送奏折到京城的邮差为折弁，折差即折弁。他们在办公差时顺便为在京城做官的人传递家信}由京买回亦可。

鸿儿信中，拟专读唐人诗文。唐诗固宜专读，唐文除韩、柳、李_{李翱。字习之。唐朝文学家}、孙_{孙樵。字可之（《文献通考》作隐之）。}外，几无一不四六者，亦可不必多读。明年鸿、瑞两人，宜专攻八股试帖，选《仁在堂》中佳者。读必手钞，熟必背诵。尔信中言"须能背诵乃读他篇"，苟能践言，实良法也。读《柽

花馆试帖》，亦以背诵为要。
对策不可太空，鸿、瑞二人可
将《文献通考》序二十五篇读
熟，限五十日读毕。终身受用
不尽。既在鄂读书，不必来营
省觐矣。

同治五年五月十一日夜

花馆试帖》也应该以背诵为要。
对策不可太空，纪鸿、纪瑞二人，
可将《文献通考》序二十五篇读
熟，限定五十天内读完，会终身
受用不尽。既在湖北读书，就不
必来营看望我了。

明末清初的思想家顾炎武说："八股之害等于焚书。"封建社会末期，科举考试逐渐沦为机械僵化的八股定式，内容观点必须与"圣人"相同，极大地禁锢了士子的思想，而八股试帖就是专门为应对科举考试编纂的一种速成复习资料，有意入闱博取功名的考生争相寻找"当行出色"的试帖揣摩学习，以求高中。曾氏虽为当朝高官、古文大家，亦不能免俗，要求儿子对于他推荐的试帖"读必手钞，熟必背诵"。实际上，用近人胡适之的话说，这种试帖只是"一班词匠的笨把戏，算不得文学"。曾氏费这番苦心，还是希望子侄能够在科场上考取功名，光宗耀祖，至少做到"不被人耻笑"。

字谕纪泽、纪鸿：

沉叔足疼全愈，深可喜慰！惟外毒遽瘳〔chōu。疾病减轻，病愈〕，不知不生内疾否？

唐文李、孙二家，系指李翱〔字习之。韩愈的学生。文风浑厚〕、孙樵〔字可之。韩愈的学生。文风奇峭〕。八家〔唐宋八大散文家〕始于唐荆川〔唐顺之。字应德，一字修文，号荆川。明朝儒学家、散文家。其选辑的《文编》中，既选了《左传》《国语》《史记》等秦汉文，也选了大量唐宋文，并从此逐步确立了"唐宋八大家"的历史地位〕之《文编》，至茅鹿门〔茅坤。字顺甫，号鹿门。明朝散文家、藏书家。提倡学习唐宋古文。他评选的《唐宋八大家文钞》选本繁简适中，影响很大。"唐宋八大家"的名目也由此流行〕而其名大定，至储欣同人〔储欣。字同人。清朝经史学家。选编《唐宋十家全集录》，影响较大〕而添孙、李两家。《御选唐宋文醇》〔清高宗爱新觉罗·弘历（乾隆皇帝）选编〕亦从储而增为十家。以全唐皆尚骈俪之文，故韩、柳、李、孙四人之不骈者为可贵耳。

写信告纪泽、纪鸿知悉：

沉叔脚疼已经痊愈，非常高兴欣慰！只是外毒急剧消退，不知会不会引起内病？

唐代文章李、孙二家，是指李翱、孙樵。唐宋八大家最早的提法始于唐荆川的《文编》，到了茅鹿门，八大家的名称就固定了，到了储欣又添加了李翱、孙樵两家。《御选唐宋文醇》也采纳储欣的观点增补为十家。因为唐代都崇尚骈体文，所以韩、柳、李、孙四人那些不是骈体的文章才显得难能可贵。

湖南家乡修县志，举荐你编纂修订。你学业还没有什么成就，文笔也很迟钝，自然不宜答应，但也不要完全推辞。一这是全县的公事，咱们家众望所归，不得不竭力赞助；二是你害怕作文章，正可以借此机会逼自己写出几篇。天下事不为一定的目的就做成的极少，有所贪图有所利诱而促成的有一半，有所激发有所逼迫而促成的有一半。

你《篆韵》抄完了，要从古文上多用功。我不善写文章，却稍有写文章的名气，深深感到羞耻。你文章功力更浅，然而也获了一些虚名，更加不好。

我的朋友有一位淮安山阳县人名叫鲁一同，他所撰写的《邳

湘乡修县志,举尔纂修_{编纂修订。}尔学未成就，文甚迟钝，自不宜承认_{承受，接受}，然亦不可全辞。一则通县公事，吾家为物_{人，众人}望所归，不得不竭力赞助;二则尔惮_{dàn。怕，畏惧}于作文_{作文，文章}，正可借此逼出几篇。天下事无所为而成者极少，有所贪有所利而成者居其半，有所激有所逼而成者居其半。

尔《篆韵》钞毕，宜从古文上用功。余不能文，而微有文名，深以为耻。尔文更浅而亦获虚名，尤不可也。

吾友有山阳鲁一同通甫_{鲁一同。字兰岑，一字通甫。清朝古文家、诗人}，所撰《邳州志》

《清河县志》即为近日志书之最善者。此外再取有名之志为式参考样式，议定体例，俟余核过，乃可动手。

同治五年六月十六日

州志》《清河县志》是近来地方志纂写得最好的。除此之外，你要再找一些有名的地方志为参考式样，琢磨确定体例，等我审核过之后，才可动手。

　　对于家乡父老找到曾纪泽要他帮助撰修县志的事情，曾国藩告诉儿子，出于谦退考虑，第一反应还是要表示辞让，但也不要完全推辞：一方面曾家深孚众望，不出力说不过去；另一方面，纪泽正好可以借这个机会好好锻炼一下写文章，弥补自己的短板。曾氏认为，成功不会从天而降，奋斗的动机和由头非常重要，天下事情一半是因为有所贪图、有所利诱而办成，一半是因为有所激发、有所逼迫而办成。所以当接到一个困难的任务时，要辩证地看待，说不定这就是逼迫自己成功的一个契机，所谓"有多少'不得已'最后成了'大欢喜'"说的正是这个道理。

字谕纪泽、纪鸿：

吾家门第鼎盛，而居家规模礼节总未能认真讲求。历观古来世家久长者，男子须讲求耕读二事，妇女须讲求纺绩、酒食二事。《斯干》_{《诗经·小雅·斯干》}之诗言帝王居室之事，而女子重在酒食是议；《家人卦》_{《易经》中的一卦}，以二爻_{《家人》卦下离上巽，六二爻辞说："无攸遂，在中馈，贞吉。"正指妇女主管家中饮食事宜}为主，重在中馈_{饮食之事}；《内则》_{《礼记》中的一篇。详细讲述女子服侍父母公婆之礼}一篇，言酒食者居半。故吾屡教儿妇诸女亲主中馈，后辈视之若不要紧。此后还乡居家，妇女纵不能精于烹调，必须常至厨房，必须讲求作酒、作醯_{xī。醋}醢_{hǎi。用鱼肉等制成的酱}、小菜之类。

写信告纪泽、纪鸿知悉：

咱们家正在兴盛时期，然而家庭生活的规矩礼节始终没有认真讲究过，纵观古今那些绵延长久的世家，男子须讲求耕种读书两件事，妇女须讲求纺织、酒食两件事。《诗经》中的《斯干》一诗，讲帝王生活起居的事情，也说女子重在把家里的酒食饭菜做好；《易经》的《家人卦》中说，以六二爻为主，重在供给家中饮食；《礼记》的《内则》篇中，谈酒食的占了一半篇幅。所以我屡次教导儿媳妇和家中的女儿们要亲自操办家中的饮食，后辈们看待这些似乎没有什么要紧的。以后回到家乡过日子，妇女纵使不能精于烹调，也必须常常到厨房忙碌，必须讲求酿酒、作调料肉酱、小菜等事。你们必须留心于种菜、养鱼，这是一家兴旺的景象，断不可疏忽。纺织虽不能多做，也不能间断。大房带头，四房都跟随，家风自然就醇厚了。至嘱！至嘱！

尔等必须留心于莳蔬 种菜 养鱼，此一家兴旺气象 景象，断不可忽。纺绩虽不能多，亦不可间断。大房 兄弟中长子一系 唱 倡导 之，四房皆和 hè。响应，随声附和 之，家风自厚矣。至嘱！至嘱！

同治五年六月二十六日，宿迁

评析　曾氏对于家中女眷的训导，基本上还是遵从封建社会男尊女卑、三从四德的逻辑，认为好的家风就应该是男主外、女主内，妇女主要负责把家中的饭菜做好、衣服做好。用现代的价值标准衡量，这种观点明显歧视妇女，不值得提倡。但从另一个角度看，曾氏所希望达到的清平世界，正是男耕女织、各有所分的小康之家，这种"纲常"也是维护中国数千年来农业社会稳定结构的一个重要组成部分。

字谕纪泽、纪鸿：

　　在临淮住六七日，拟由怀远入涡河，经蒙、亳以达周口，中秋后必可赶到。届时沅叔若至德安，当设法至汝宁、正阳等处一会。

　　余近来衰态日增，眼光益蒙（看不清）。然每日诸事有恒，未改常度。尔等身体皆弱，前所示养生五诀（曾国藩自己摸索的养生五法：眠食有恒、饭后散步、惩忿、节欲、睡前热水烫脚），已行之否？泽儿当添不轻服药一层，共六诀矣。既知保养，却宜勤劳。家之兴衰，人之穷通（困厄与显达），皆于勤惰卜（推断）之。泽儿习勤有恒，则诸弟七八人皆学样矣。

写信告纪泽、纪鸿知悉：

　　在临淮住了六七天，准备由怀远进入涡河，经蒙城、亳州到达周家口，中秋节后肯定能赶到。届时沅甫叔如果到德安，应当设法到汝宁、正阳等地见上一面。

　　我最近衰老之态越来越明显了，眼睛越来越模糊不清了。然而每天仍有恒心地坚持做各种事情，没有改变日常的规矩。你们身体都比较弱，之前我告诉你们的养生五诀，是否已经照做了？泽儿应该再添加"不轻易服药"这条，共六诀。既要知道保养，但也要懂得勤劳。家道的兴盛衰败，个人的困厄显达，都能在勤劳懒惰上看出来。泽儿学习勤奋努力、持之有恒，其余七八个家族子弟都会以他为榜样学习。

鸿儿来信太少，以后半月写信一次，泽儿六月初三的信也嫌太短，以后可纵谈时事或学业。此谕。

鸿儿来禀太少，以后半月写禀一次，泽儿六月初三日禀亦嫌太短，以后可泛论时事，或论学业也。此谕。

同治五年七月二十一日

字谕纪泽、纪鸿：

接纪泽六月廿三、七月初三日两禀，并纪鸿及瑞侄禀信、八股。两人气象指文章风格俱光昌光大昌盛，有发达之概，惟思路未开。作文以思路宏开宏大开阔为必发之品标准。意义层出不穷，宏开之谓也。

余此次行役行军，始为酷热所困，中为风波所惊，旋为疾病所苦。此间赴周家口尚有三百余里，或可平安耳。

尔拟于《明史》看毕，重看《通鉴》，即可便看王船山之《读通鉴论》，尔或间作史论，或作咏史诗。惟有所作，则心

写信告纪泽、纪鸿知悉：

接到纪泽六月二十三日、七月初三所发的两封信和纪鸿、瑞侄的信、八股文。两人风格都很敞亮，有豁达旺盛的气概，只是思路还没打开。作文以思路宏大开阔为必胜的标准。意义层出不穷即宏开之意。

我这次行军，一开始为酷热所困，中间又被风波所惊，接着又为疾病所苦。这里距离周家口还有三百多里，或许可以平安了。

你准备《明史》看完后，重看《通鉴》，就可顺便看看王船山的《读通鉴论》，你也可偶尔写作史论或者咏史的诗。只有动笔去写了，心才容易进入，史事

才容易熟悉，否则很难记住。

　　之前吃的盐姜没有了，最近设法寄点到周家口。咱们家的妇女必须讲究制作小菜，如腐乳、酱油、酱菜、好醋、倒笋等，常常做些寄给我吃。《礼记·内则》中说，侍奉父母公婆，就把这方面的事当作重点。如果是从外面买的，就不用寄了。

自易入，史亦易熟，否则难记也。

　　早间所食之盐姜用食盐、辣椒等佐料腌过的姜已完，近日设法寄至周家口。吾家妇女，须讲究作小菜，如腐乳、酱油、酱菜、好醋、倒笋之类，常常做些寄与我吃。《内则》言事服事，侍奉父母舅姑女子出嫁，称丈夫之父母，以此为重。若外间买者，则不寄可也。

同治五年八月初三日

评析

之前的家书中，曾氏就曾告诫儿子"读书之法，看、读、写、作，四者每日不可缺一"。这封信中又再次强调了边读书边创作的重要性："惟有所作，则心自易入，史亦易熟"。联想现在有许多成绩不好的孩子抱怨知识"记不住"，尝试一下曾氏的学习方法可能会很有帮助。

字谕纪泽、纪鸿：

接尔等八月初十日禀，知鸿儿生男之喜。军事棘手，衰病焦灼之际，闻此大为喜慰！排行_{兄弟姊妹依长幼排列的顺序。人们常以吉祥字词放到名字中，按一定的组合顺序来做排行}用浚、哲、文、明四字。此儿乳名_{小名}浚一，书名_{学名}应用广字派_{同一宗祠之人的辈分，用吉祥字词串联，便于以礼相称}否，俟得沅叔回信再取名也。

九月初十后，泽儿送全眷回湘，鸿儿可来周家口侍奉左右。明年夏间，泽儿来营侍奉，换鸿儿回家乡试。

余病已痊愈，惟不能用心。偶一用心，即有齿疼、出汗等患，而摺片_{奏摺}不肯假手_{借用别人的力量来达到自己的目的}于

写信告纪泽、纪鸿知悉：

接到你们八月初十的信，得知鸿儿生了个男孩这件喜事。在军事棘手难为、衰老病痛令人焦灼之际，听到这个大喜的消息十分欣慰！取名排行就用浚、哲、文、明这四个字。这孩子乳名就叫浚一，书名是不是应该用广字辈，等到沅甫叔回信再取名吧。

九月初十后，泽儿送全体家眷回湖南，鸿儿可来周家口侍奉我。明年夏天让泽儿来营侍奉，换鸿儿回家参加乡试。

我的病已痊愈，只是不能用心想事情。偶尔一用心，就有牙疼、出汗等症状，但是写奏摺又不能

找人代笔，责任太重，万万不能不用心。

朱熹《资治通鉴纲目》一书，后世有续书，把宋、元、明史事合为一编，白玉堂忠愍公有这部书，武汉买得到吗？如果有而且字体比较大看得清楚的，可买一部带来。此谕。

人，责望_{责任与名望}太重，万不能不用心也。

朱子《纲目》一书，有续修宋元及明合为一编者，白玉堂忠愍_{曾国华的谥号。愍 mǐn}公有之，武汉买得出否？若有而字大明显者，可买一部带来。此谕。

同治五年八月二十二日

评析

随着年龄增长和多年军旅生涯的磨难，曾氏的身体状态已逐渐步入老境，视力下降，精力衰减，稍微用心操劳就会出现各种疾病。即便如此，写奏折、文件曾氏仍然不放心假手于人，务求亲力亲为，体现了其为官极高的自我要求，这也是对儿子将来工作、生活的一种言传身教。

字谕纪泽、纪鸿：

　　接泽儿八月十八日禀，具悉。择期九月廿日还湘，十月廿四日四女喜事，诸务想办妥矣。凡衣服首饰百物，只照大女、二女、三女之例，不可再加。

　　纪鸿于廿日送母之后，即可束装_{整理行装}来营。自坐一轿，行李用小车，从人或车或马皆可。请沅叔派人送至罗山，余派人迎至罗山。

　　淮勇不足恃，余亦久闻此言。然物论悠悠_{众口评说，议论纷纷，荒谬不可信}，何足深信？所"谓好_{hào。喜好}而知其恶_{è。弊端}，恶_{wù。厌恶}而知其美_{好的方面}"。省三_{刘铭传}、琴轩_{潘鼎新}均属有志之士，未可厚非。申夫好作识微之

写信告纪泽、纪鸿知悉：

　　接到泽儿八月十八日的来信，都知道了。你们选择在九月二十日返回湖南，十月二十四日四女儿结婚大喜，相关准备工作想必已经办妥了。凡是衣服、首饰、其他物品，都按照大女儿、二女儿、三女儿的定例置办，不可再增加。

　　纪鸿于二十日送别母亲之后，即可收拾行李来我的军营。自己坐一轿子，行李用小车，其他随从人员或坐车或骑马都行。请沅甫叔派人送到罗山，我派人在罗山迎接。

　　淮军靠不住，我也早就听过这种说法。然而流言纷纷，哪能十分相信？《礼记·大学》中所说的"对于喜好的事物要知道其弊端，对于厌恶的事物要知道其好处"。刘铭传、潘鼎新都属于有志之士，不可以过分指责。申

夫好发洞察细微的言论，实际上不能平心静气地仔细观察。我见过的将才杰出的人极少，只要有志气，就可以给他美名助其成功。

我的病虽然已经痊愈，然而还是难以操劳用心。准备于十二日续假一个月，十月份上奏请求辞职。只需沅弟不要有什么非常的举动，我就可以慢慢地实现我的心愿了。否则另起波折，又得敷衍应付。此谕。

论^{洞察细微的言论。含贬义}，而实不能平心细察。

余所见将才杰出者极少，但有志气，即可予以美名而奖成_{助成}之。

余病虽已愈，而难于用心。拟于十二日续假一月，十月奏请开缺_{请求辞职，另外选人充任}。但须沅弟无非常之举，吾乃可徐行吾志耳。否则别有波折，又须虚与委蛇也。此谕。

同治五年九月初九日

评析

湘军和淮军的矛盾素来已久，作为一手提拔了淮军创始人李鸿章的曾国藩，在面临手下湘军将领、自己的亲信李榕等对淮军战力的质疑时，不仅能够持平而论、宽以待人，而且还告诫儿子，看待问题要有"好而知其恶，恶而知其美"的辩证思维，不要轻信他人的流言非议。世人云"做官要学曾国藩，经商要学胡雪岩"，从这点小事就可以看出曾氏为官用人之道的政治智慧和开阔境界。

字谕纪泽、纪鸿：

余病大致已好，惟不甚能用心，自度难任_{难当}艰巨，已于十三日具片_{上奏}续假一月。将来请开各缺_{请求辞去各种职位}，纵不能离营调养，但求事权_{责任和权力}稍小，责任稍轻，即为至幸。欲求平捻功成从容引退_{官员自请免职}，殆_{dài。大概，几乎}恐不能，即求免于谤议_{非议}，亦不能也。

捻匪窜过沙河、贾鲁河之北，不知已入鄂境否。若鸿儿尚未回湘，目下_{目前}亦不必来周家口，恐中途适与贼遇。盐姜颇好，所作椿麸子_{椿叶与麦麸子晒制成的酱菜。麸fū}、酼菜_{坛子菜}亦好。家中外须讲求莳蔬，内须讲求

写信告纪泽、纪鸿知悉：

我的病大致已好，只是不能太过操劳，自感难以担当艰巨差事，已于十三日上奏续假一个月。将来再恳请辞去各种官职，即使不能离开军营调养，只求职权稍微小点，责任稍轻一点，就已经很幸运了。想要剿平捻军成功之后从容引退，恐怕不能做到，即使只希望免遭非议，也不能做到了。

捻匪窜过沙河、贾鲁河的北部，不知是否已经进入了湖北境内。如果鸿儿尚未回到湖南，目前也不必来周家口，担心路上正好与贼寇遇上。盐姜很好，所作椿麸子、酼菜也好。家中人在外须讲求种植蔬菜，在内须讲求晾

晒小菜，这些事足以检验家庭兴衰，不可疏忽。此谕。

晒小菜，此足验人家之兴衰，不可忽也。此谕。

同治五年九月十七日

评析

因为身体原因，也为了免除功高权重的谤议，曾氏打算急流勇退，辞去官职。即便下了这样的决心，他也仍然保持着"稳"的作风，并没有立刻"撂挑子"，而是先请病假铺垫，再求"事权稍小"，最后达到完全归隐的目的。

字谕纪泽：

尔读李义山^{李商隐。字义}_{山。唐朝诗人}诗，于情韵既有所得，则将来于六朝文人诗文，亦必易于契合。凡大家名家之作，必有一种面貌，一种神态，与他人迥不相同。譬之书家^{书法家}羲、献、欧、虞、褚、李、颜、柳，一点一画，其面貌既截然不同，其神气亦全无似处。本朝张得天^{张照。字得}_{天，号泾南。}_{清康乾时}_{期书法家}、何义门^{何焯。字润千，改字屺瞻。学者称}_{义门先生。清康熙间学者、书法家}虽称书家，而未能尽变古人之貌，故必如刘石庵^{刘墉。字崇如，号石庵。}_{清朝政治家、书法家}之貌异神异，乃可推为大家。诗文亦然，若非其貌其神迥绝群伦_{远超过同辈。}_{迥 jiǒng，远}，不足以当大家之目_{品评，评价}。

写信告纪泽知悉：

你读李义山的诗，对于其中情韵有所收获，那么将来对于六朝文人的诗文，也一定较容易理解得符合原意。凡是大家、名家的作品，一定有一种面貌、一种神态与他人作品迥然不同。比如书法家王羲之、王献之、欧阳修、虞世南、褚遂良、李邕、颜真卿、柳公权，一点一画之间，面貌截然不同，其神韵也完全没有相似之处。本朝的张得天、何义门虽然也号称书法家，然而还不能完全改变古人书法的面貌。所以一定要像刘石庵那样面貌不同、神韵相异，才可以推许为书法大家。诗文也是这样，如果不是面貌和神韵都脱俗超群，就不能当作大家来品评。他既然已经做到了超群脱俗，那么后人读他的作品不能辨识其面貌、领悟其神韵，是读者的见解还没达到那个境界，而不是作者的过错。你以后读古文古诗，只应先辨认其面貌，然后领略其神韵，久而久之自然能够分别出门径。今人动辄说某人是学的某家，大多是道听途说，属扣盘扪烛之类，不足为信。君子贵在有自己的见解，不必随众口附和。

我的病已经好了很多，尚难用心操劳，最近会奏请辞官。

最近作的两篇古文，也还比较入理，这个冬天或许可以再作几篇。唐镜海先生去世的时候，他的儿子求我作墓志铭，我已经

渠既迥绝群伦矣，而后人读之，不能辨识其貌，领取其神，是读者之见解未到，非作者之咎 咎jiù。过错 也。尔以后读古文古诗，惟当先认其貌，后观其神，久之自能分别蹊径 蹊径，路径，办法。蹊xī，小路。 。今人动指某人学某家，大抵多道听途说，扣槃扪烛 扣槃扪烛，比喻认识片面，不得要领。扣，敲；槃pán，同"盘"；扪mén，摸 之类，不足信也。君子贵于自知，不必随众口附和也。

余病已大愈，尚难用心，日内当奏请开缺。

近作古文二首，亦尚入理，今冬或可再作数首。唐镜海 唐镜海，唐鉴。字镜海。曾国藩理学启蒙师。官至太仆寺卿 先生殁 殁mò。去世 时，其世兄求作墓志，余已应允，久未

动笔，并将节略 生平节要 失去。尔向唐家或贺世兄（蔗农先生子，镜海丈婿也）处索取行状 专门记述死者生平概略的文章。常由死者门生故吏或亲友撰述，留作撰写墓志或史官立传的依据 节略寄来。罗山 罗泽南。字仲岳，号罗山。湘军早期统领，曾国藩三女婿之父 文集年谱未带来营，亦向易芝生先生（渠求作碑甚切）索一部付来，以便作碑，一偿夙 sù。素，旧 诺。

纪鸿初六日自黄安起程，日内应可到此。

同治五年十月十一日

应允，久未动笔，并将唐先生的生平概要弄丢了。你向唐家或贺世兄（蔗农先生的儿子，镜海老丈的女婿）处再要一份生平简介寄来。罗山的文集和年谱我没有带到军营来，也向易芝生先生（他求我写碑文很急切）要一部寄过来，以便作碑文，以兑现我以前的诺言。

纪鸿初六自黄安启程，最近应该可以到这里了。

评析

无论对于书法还是诗文，曾氏认为名家、大家都有一种与他人迥然不同的精神特质——"一种面貌""一种神态"，因此他教导儿子读古诗文"当先认其貌，后观其神"，君子贵不随众口附和，人云亦云，而是一切从实际出发，通过自己的观察和思考去领悟各流派不同的精神风貌。

字谕纪泽：

余于十三日具疏请开各缺，并附片请注销爵秩，廿五日接奉批旨，再赏假一月，调理就痊，进京陛见一次。余拟于正月初旬起程进京。

并附片（清代官员上奏皇帝的公文。正奏叫摺，同日上奏的其他相关问题叫片或附片）

爵秩（爵禄）

陛见（又叫朝见、谒见。清制，省及以上官员奉召或因功晋见皇帝、奏对政事、接受旨意）

余近无他苦，惟腰痛畏寒，夜不成眠。群疑众谤之际，此心无不介介。然回思迩年行事，无甚差谬，自反而缩不似丁冬、戊春之多悔多愁也。

介介（有所感触而不能忘怀，耿耿。）

迩年（近年）

自反而缩（反躬自问，无愧于人。语出《孟子·公孙丑上》："自反而缩，虽千万人，吾往矣。"大意是：自我反省，无愧于人，即使是千军万马，我也勇往直前。自反，自省，自问；缩，正直，无差缪）

到京后，仍当具疏请开各缺，惟以散员留营维系

散员（官府、军营中没有职务之人）

写信告纪泽知悉：

我于十三日上奏疏申请辞职，并在附片中请求注销官爵俸禄。二十五日接到圣旨批复，再赏休假一月，调理身体痊愈后，进京面见皇上一次。我准备在明年正月上旬启程进京。

我最近没有什么其他病痛，只是腰痛怕冷，夜不能眠。在遭受众人怀疑谤议之际，无时无刻不想这些事情。然而回头想想近年来做的事情，没什么差池，自省合于道义，无愧于人，不像咸丰七年冬、八年春时那么多悔恨忧愁。

到京后，仍然会上疏奏请辞去各项官职，以散员身份留在军

营以安定军心，担子稍轻。你们兄弟轮流侍奉，军务清闲时，请假回老家祭扫坟墓一次，迟暮之年也足以安慰了。

纪鸿在此，身体气色很好，胸怀也好像很开朗，可惜不能长期侍奉，应该让他回家侍奉母亲了。奏折、附片及批复旨意一起抄回去让你阅读。你把这些送给澄侯叔看一下。此谕。

军心，担荷稍轻。尔兄弟轮流侍奉，军务松时，请假回籍省墓^{祭扫坟墓}一次，亦足以娱暮景^{晚年景况}。

纪鸿在此，体气甚好，心思亦似开朗，惜不能久侍，当令其回家事母耳。折片并批旨抄阅。尔送澄叔一看。此谕。

同治五年十月二十六日

评析 面对树大招风、群疑众谤的官场现实，曾氏在给儿子的信中，引用孟子"自反而缩，虽千万人，吾往矣"的话，向家人表明了自己问心无愧、身正不怕影子斜的磊落心迹。同时，也更加坚定了辞官归隐、回籍省墓的决心。

字谕纪泽：

　　余定于正初北上，顷已附片复奏，抄阅。届时鸿儿随行，二月回豫，鸿儿三月可还湘也。

　　余决计此后不复作官，亦不作回籍安逸之想。但在营中照料杂事，维系军心。不居大位享大名，或可免于大祸大谤。若小小凶咎_{灾殃}，则亦听之而已。

　　余近日身体颇健。鸿儿亦发胖。

　　家中兴衰，全系乎内政_{家政，尤指女教。}_{大体包括妇女在家中应遵行的礼节与应承担的家务}之整散_{整肃或散漫。}尔母率二妇诸女，于酒食、纺绩二事断不可不常常勤习。目下

写信告纪泽知悉：

　　我定于正月初北上，刚刚用附片回奏，抄份给你看看。到时鸿儿随我前行，二月回河南，鸿儿三月可返回湖南。

　　我决定从此以后不再做官，也不想回老家过安逸生活。只想在军营中照料杂事，维系军心。不居大位享大名，或许可以避免大祸大谤。如果是小灾小难，则也就听之任之了。

　　我最近身体非常健康。鸿儿也胖了。

　　家中的兴衰，全取决于家政的整肃或者散漫。你母亲率领两个儿媳妇和几个女儿在酒食、纺绩两件事上，断不可不常常勤于

练习。目前官位尽管没什么问题，但须时时有遭遇罢官、家道衰败的忧患意识。至嘱！至嘱！

官虽无恙，须时时作罢官衰替之想。至嘱！

同治五年十月初三日

评析　　曾氏对于"名节"二字最为看重，当遇到做官和清誉出现冲突的时候，宁愿选择清誉而放弃做官。在曾氏看来，"居大位享大名"是和"惹大祸遭大谤"成正相关的，所谓"木秀于林，风必摧之；堆出于岸，流必湍之；行高于人，众必非之"，曾国藩深谙中国官场的进退之道，在自己再三请辞官位的同时，也告诫家人要时刻注意整顿家务，长存"罢官衰替"的忧患意识。

字谕纪泽：

此间军事，东股^{东捻军}任、赖窜入光、固，贼势已衰。西股^{西捻军}张总愚^{张宗禹，捻军首领}久踞秦中华阴一带，余派春霆往援，大约腊初可以成行。

十七日复奏不能回江督本任一摺，刻木质关防^{木头刻的官印。清制，临时委派的、非正式经制常设的职位，不能用正方形大印和朱红印泥，而只许用长方形官防和紫红色水。若非正式钦差大臣，不许用铜印，只能用木印。为了表示自己除捻的决心，曾国藩请辞两江总督的职位，但仍在军营照料一切，为此刻木质关防一颗。文样为：协办大学士两江总督一等侯行营关防。并将此事附片上奏}留营自效一片，兹抄寄家中一阅。前有一信令尔来营待余进京，后又有三信止尔勿来，想俱接到。若果能开去各缺，不过留营一年，或可请假省墓。但平日虽

写信告纪泽知悉：

这里的军事情况，东路任柱、赖文光两股匪寇窜入光山县、固始县两地，但贼寇的声势已经减弱。西路的张宗禹长期盘踞陕西中部华阴一带，我派鲍春霆前往支援，大约腊月初可以出发。

十七日上奏回复朝廷的关于不再担任两江总督的奏摺和刻制的木质关防印章、留在军营效力的一道附片，现抄寄给家中看一看。前些时候给你写了一封信，让你来军营陪侍我进京，后面又写了三封信让你不要来，想这些信都收到了。如果能辞去各种职位，那不过再在营中留一年，或许可以请假回家祭扫。然而平日

虽对我有诽谤之言，也不乏称誉赞颂的人，朝廷未必真的恩准让我悉数辞去官职。纪鸿在此，身体气色都很好，一个多月没有让他写文章，听任他潇洒闲适，畅快胸襟。腊月就应该让他与叶亭外甥开课作文了。你的胆怯等病症是由于阴亏所致，也就是朱子所说的"气清的人总是体质弱"。你如果能够睡得实，这病自然就好了。

有诽谤之言，亦不乏誉颂之人，未必果准悉<u>全部，完全</u>开各缺耳。纪鸿在此，体气甚好，月余未令作文，听其潇洒闲适，<u>一畅天机</u>尽情地表现自己，享受自然之趣。天机，天生的禀性。腊月当令与叶甥^{叶亭外甥，即王镇铺。字叶亭}开课作文。尔胆怯等症由于阴亏，朱子所谓"气清者魄恒弱"。若能善晓酣眠，则此症自去矣。

同治五年十一月十八日

曾氏对于孩子的教育讲究张弛有度、劳逸结合，该放松的时候让他们尽情放松，该用功的时候让他们刻苦用功。他一向反对"悬梁刺股"这种自虐式的学习方法，而是倡导早睡早起，学贵有恒。在养生之道上，曾氏也特别看中睡眠的作用，多次提醒儿子要注意休息，睡得踏实则诸病自去。

字谕纪泽：

此间军事，任、赖由固始窜至鄂境，郭子美（郭松林。字子美。清朝名将）廿三日在德安获胜，该逆不能逞志（得逞）于鄂，势必仍回河南。张逆入秦，已奏派春霆援秦，本月当可起程。惟该逆有至汉中过年、明春入蜀之说，不知鲍军追赶得及否。

本日折差回营，十三日又有满御史参劾（上奏章揭发官吏的罪状。劾 hé，揭发罪状），奉有明发谕旨（由内阁抄发、内容大多涉及官员任免的谕旨，又简称"明发"），兹钞回一阅。十月廿六日寄信令尔来营随侍进京，厥后又有三信止尔勿来，计尔到家后不过数日即接来营之手谕。余拟

写信告纪泽知悉：

这里的军事情况，任柱、赖文光两股匪寇由固始流窜到了湖北境内，郭子美十一月二十三日在德安获得胜利，该股匪寇不能在湖北得逞，势必仍会折返回河南。张宗禹匪寇进入陕西，我已上奏朝廷派鲍春霆前往陕西支援，本月应该可以启程。只是该逆有到汉中过年、明年春天进入四川之说，不知鲍军来得及追上否。

今天信差回营，十三日又有满族御史参劾我，皇帝颁发的上谕现誊抄一份寄给你们看一看。十月二十六日寄信让你来军营陪我进京，随后又写了三封信阻止你不要来，估计你到家后不过几天就接到让你来军营的亲笔信了。

我准备再写几道奏疏委婉辞职，务必请皇帝允我辞去一切官职才罢休。将来或许可能会再次接到入朝见皇帝的圣旨，也未可知。

你在家料理家政，不再召你来营随侍了。

李申夫的母亲曾有两句话："有钱有酒款远方亲戚，火烧盗抢喊叫四方邻"，告诫富贵之家，不可敬远亲而怠慢近邻。咱们家刚刚搬到富圫，不可轻视慢待近邻。招待酒饭应当宽松，礼貌应当恭敬。建四爷如果不在我家，或者另外请一人款待宾客也可以。除了不管闲事，不帮人打官司外，有可

再具数疏婉辞，必期尽开各缺而后已。将来或再奉入觐_{入朝见皇帝}之旨，亦未可知。

尔在家料理家政，不复召尔来营随侍矣。

李申夫之母尝有二语云："有钱有酒款远亲，火烧盗抢喊四邻。"戒富贵之家不可敬远亲而慢近邻也。我家初移富圫，不可轻慢近邻。酒饭宜松，礼貌宜恭。建四爷如不在我家，或另请一人款待宾客亦可。除不管闲事，不帮官司外，有可行

方便之处，亦无吝^{不要吝啬。无，通"毋"，不要}也。此谕！

同治五年十一月二十八日

行方便的地方，也不要吝啬。此谕！

评析

俗话说"远亲不如近邻"。曾氏在此封家书中告诫家人，一定要注重维护好邻里之间的和谐关系，不可以只敬远亲而怠慢近邻。但是这种亲近也要持有底线，要恪守"不管闲事，不帮官司"的原则，以免邻居借用曾家的势力牟利。

祖宗雖遠
祭祀不可
不誠

祖宗虽远
祭祀不可
不诚

原文

欧阳夫人_{曾国藩的妻子，是曾国藩在衡阳求学时的老师欧阳凝祉之女}左右：

接纪泽儿各禀，知全眷平安抵家，夫人体气康健，至以为慰！

余自八月以后，屡疏请告假开缺，幸蒙圣恩，准交卸钦差大臣关防，尚令回江督本任。余病难于见客，难于阅文，不能复胜江督繁剧_{繁重之极}之任，仍当再三疏辞。但受恩深重，不忍遽请离营，即在周口养病，少泉接办。如军务日有起色，余明年或可回籍省墓一次。若久享山林之福_{指没有公务缠身的隐居绅士的平静生活}，则恐不能。然办捻_{剿办捻军}无功，钦差交出，而恩眷_{犹圣眷。指帝王的恩情}仍不甚衰，

导读

欧阳夫人：

接纪泽儿的信，得知全部家眷平安到家，夫人身体康健，非常欣慰！

我自八月以后，屡次上疏请求告假辞职，有幸蒙圣上恩典，准许交出钦差大臣关防，还让我回两江总督任上。我生病难以见客，难以阅读公文，不能够再胜任两江总督的繁巨重任，仍要再三上疏请辞。但我受皇恩深重，不忍立刻请辞离开军营，就在周家口养病，李鸿章接替我办理。如军务一天天有起色，我明年或许可以回家乡祭扫一次。但如果要久享退居山林之福，恐怕不太可能。然而我平定捻军没有功绩，钦差大臣职务交出，朝廷的恩惠

照顾却仍不减少，已经是大幸了！

　　家中遇到祭祀，酒菜必须由夫人率儿媳、女儿亲自经手来做。祭祀的器皿，另作一个箱子收纳，平日不可动用。家里纺织、做些小菜，在外种菜养鱼、款待客人，夫人都要留心。咱们夫妇用心做事情，各房及子孙都依照我们为榜样，不可不劳苦，不可不谨慎。

　　最近在京买人参，每两花银二十五两，不知好不好，现寄一两给夫人服用。

　　澄侯叔待哥哥与嫂子非常诚恳恭敬，我夫妇也应该以诚敬待

已大幸矣！

　　家中遇祭_{泛指在年节或祖考冥诞、忌日之时的所有祭祀活动}，酒菜必须夫人率妇女亲自经手。祭祀之器皿，另作一箱收之，平日不可动用。内而纺绩、做小菜，外而莳蔬养鱼、款待人客，夫人均须留心。吾夫妇居心_{存心}行事，各房_{业已分居的兄弟各家}及子孙皆依以为榜样，不可不劳苦，不可不谨慎。

　　近在京买参_{人参}，每两去_{耗费}银廿五金，不知好否，兹寄一两与夫人服之。

　　澄叔待兄与嫂极诚极敬，我夫妇宜以诚敬待之。大小事

丝毫不可瞒他，自然愈久愈亲。

此问近好。

之。大小事情丝毫不可瞒他，自
然时间越长，相处越亲。此问近好。

同治五年十二月初一日

评
析

从这封给夫人的信中可以
看出，曾氏极为关心妻子的身体
状况，从千里之外的京城购买人
参给夫人服用。同时，曾氏也希
望夫人能够担当起治家的重任，
祭祀、纺织、做菜、耕种、养鱼、
待人接客等方面要处处留心，以
诚待人，给家族的其他兄弟以及
子孙后代做出榜样。

写信告纪泽知悉:

我自从接到回去任两江总督的命令后,十一月十七日、十二月初三日两次写奏疏坚辞,都未被朝廷允许。训示的言辞诚恳真挚,只得遵旨暂回徐州接受关防,令李鸿章能够迅速开赴前线,以告慰皇上的殷切关心。我自己估量精力一天比一天差,不能过多审阅文件,而想要看的书又不肯全部割舍,因此决心不作封疆大吏,不担任重要职务。两三月内,一定再专门上疏恳求辞职。

我最近制作书箱,大小跟何廉舫家八箱的式样相同。前后用横板三块,如同我们家乡仓门板

字谕纪泽:

余自奉回两江本任之命,十七、初三日两次具疏坚辞,皆未俞允 _{应允。特指皇帝的许可。}。训词肫挚 _{zhūn zhì。诚恳真挚。肫,诚恳,},只得遵旨暂回徐州接受关防,令少泉得以迅赴前敌,以慰宸廑 _{chén qín。指帝王的殷切关心。宸,北极星所居。引申为帝位、帝王的代称;廑,挂念,关注。}。余自揣精力日衰,不能多阅文牍,而意中所欲看之书又不肯全行割弃,是以决计不为疆吏 _{封疆大吏},不居要任。两三月内,必再专疏恳辞。

余近作书箱,大小如何廉舫 _{名栻,字廉船,号悔徐。曾国藩门生、幕僚,曾任江西吉安知府}八箱之式。前后用横板三块,如吾乡仓门

板之式。四方上下，皆有方木为柱为匡，顶底及两头用板装之，出门则以绳络缠绕，捆束之而可挑，在家则以架乘之而可累两箱三箱四箱不等。开前仓板则可作柜,再开后仓板则可过风。当作一小者送回，以为式样。吾县木作木工，木工的技艺最好而贱，尔可照样作数十箱，每箱不过费钱数百文。读书乃寒士本业，切不可有官家风味。吾于书箱及文房器具，但求为寒士所能备者,不求珍异也。家中新居富圫，一切须存此意，莫作代代做官之想，须作代代做士民之想。

的式样，四方、上下，都有方木做柱子做框子，顶部底部以及两头用板子装起来，出门则用绳子捆起来可以挑，在家可以用架子支撑，把两个、三个、四个不等数目的箱摞起来。打开前仓板则可以当柜子，同时再打开后仓板就可以通风。我让人做一个小的寄回去作为式样。咱们县的木工作坊手艺最好而且便宜，你可照样作几十个箱子，每个箱子不过花钱几百文。读书是贫寒学士的本业，切不可有官宦人家的风气。我对于书箱及文房四宝器具，只求要贫寒读书人能备办的，不求珍贵奇特。家里新近搬到富圫，一切都应抱这种想法，不要有代代做官的想法，要有代代做士民的想法。门外只卦一块"宫太保第"
的匾而已。

门外但挂"宫太保第"一匾
而已。

同治五年十二月二十三日

374 ◎ 375

评析

　　曾氏一贯要求家人遵从"勤俭"的家风，堂堂朝廷封疆大吏、位封侯爵，却还要自己动手打家具。信中，曾国藩告诉家人他研发了一种无论居家还是旅行使用起来都非常方便的书箱，还详细说明了箱子的具体尺寸和使用功能，让家人找乡下便宜的木工批量做几十个，其目的在于"文房器具，但求为寒士所能备者，不求珍异也"，这在寻常人看来，实在是太过"抠门"。但曾氏的用意在于要让家人有重做寒门子弟的忧患意识，切不可沾染官宦人家的奢靡之风。

字谕纪泽：

十八日寄去一信，言纪鸿病状。十九日，请一医来诊。鸿儿乃天花痘[出痘子，出天花。天花，一种由天花病毒引起的烈性传染病。有一定的危险性，一旦病愈，则具有终身免疫力]也，余深用忧骇！以痘太密厚，年太长大，而所服之药，无一不误，阖署惶恐失措！幸托痘神佑助，此三日内转危为安。兹将日记由鄂转寄家中，稍为一慰。再过三日灌浆[疮、疖化出脓水流出，病毒既去，病则痊愈，俗称灌浆]，续行寄信回湘也。

尔七律十五首圆适深稳，步趋[步步趋近]义山，而劲气倔强颇似山谷。尔于情韵、趣味二者，皆由天分中得之。凡诗文趣味

写信告纪泽知悉：

本月十八日寄出了一封信，述说纪鸿的病情。十九日请一个医生来诊断。鸿儿患的是天花，我因此深为忧虑惊骇！因为痘太稠密，年龄太大，可是所服用的药没有一副是对症的，整个署衙都惶恐失措！所幸拜托痘神保佑，这三天，转危为安。现将日记由湖北转寄家中，使你们稍微放心。过三天灌浆后再继续寄信回湖南。

你写的七律十五首，灵活贴切、深沉稳健，逐步接近李义山的风格，而气势遒劲、倔强很像黄庭坚。你在情韵、趣味两方面的特长都是由天分中得来。凡是

诗文的趣味大约有两种：一是诙诡之趣；一是闲适之趣。诙诡之趣，只有庄子、柳宗元的古文，苏轼、黄庭坚的诗，韩愈的诗文，是非常诙诡的，除此之外实在不多见了；闲适之趣，散文只有柳宗元的游记风格相近，诗歌则有韦应物、孟浩然、白居易，他们的作品均极闲适恬淡。而我所喜欢的，尤其是陶渊明的五言古诗、杜甫的五言律诗、陆游的七言绝句。我认为，人生具有如此高远恬淡的襟怀，就算是南面称王也不愿换这种快乐！你胸怀很清雅恬淡，试把这三人的诗研究一番。只是不可走入孤僻古怪的路上去。

我身体近日平安，告诉你母亲和澄侯叔知道。

约有二种：一曰诙诡之趣；一曰闲适之趣。诙诡之趣，惟庄、柳之文，苏、黄之诗，韩公诗文，皆极诙诡，此外实不多见；闲适之趣，文惟柳子厚游记近之，诗则韦 韦应物。唐代诗人。、孟 孟浩然。唐朝诗人。、白傅 白居易，均极闲适。而余所好者，尤在陶之五古、杜之五律、陆之七绝。以为人生具此高淡襟怀，虽南面王 南面称王。古人以坐北面南为尊，故称帝王为南面。南面，面朝南方。王 wàng，称王 不以易其乐也！尔胸怀颇雅淡，试将此三人之诗研究一番，但不可走入孤僻一路耳。

余近日平安，告尔母及澄叔知之。

同治六年三月二十二日

评析

　　曾氏对于陶渊明、杜甫、陆游等古代文学家的"高淡襟怀"非常向往，写信给儿子分享自己的文学趣味时，说出了"虽南面王不以易其乐也"，足见曾氏对于文学确实是发自内心的热爱。

导读

写信告纪泽知悉：

鸿儿出痘，我两次详细写信告知家中，这六天非常平顺，现抄录六天的日记寄给沅甫叔转寄湘乡，使全家放心。我历经灾难变故后，每听到危险的事，心中就像滚开水浇一样。鸿儿病痊愈后，又因为湖北省贼寇长久盘踞曰口、天门，鲍春霆病得很重，焦虑到了极点！

你信中说左宗棠秘密弹劾李次青，又给鸿儿信中说闽中谣歌的事情，恐怕都不确实。我对于左宗棠、沈葆桢二公的以怨报德

原文

字谕纪泽：

鸿儿出痘（出天花），余两次详信告知家中，此六日尤为平顺，兹钞六日日记寄沅叔转寄湘乡，俾（bì 使）全家放心。余忧患之余，每闻危险之事，寸心（区区之心）如沸汤（滚开水）浇灼。鸿儿病痊后，又以鄂省贼久踞白口、天门，春霆病势甚重，焦虑之至！

尔信中述左帅（左宗棠）密劾次青（李元度。字次青。清朝大臣、学者），又与鸿儿信言闽中谣歌之事，恐均不确（确实）。余于左、沈二公（指左宗棠和沈葆桢。曾国藩与左宗棠原本惺惺相惜，后因金陵城破后放走幼天王和忠王一事，曾国藩兄弟与左宗棠产生了矛盾；曾国藩在江西期间，很赏识沈葆桢的才干和胆识，同治三年因截留饷银一事，曾国藩兄弟与沈也产生了矛盾。曾国藩认为左、沈是以怨报德。沈葆桢，原名沈振宗，字幼丹，又字翰宇。清朝政治家、军事家、外交家）之以怨报德（语出《国语·周语》："以怨报

德，不仁。"大意是：用怨恨来回报别人的恩惠，无仁厚之德。，此中诚不能无芥蒂〔芥蒂jiè dì：梗塞的东西，比喻心理的嫌隙或不快〕。然老年笃〔甚，深〕畏天命，力求克去褊心〔心胸狭窄。褊biǎn，衣服狭小。引申为心胸狭隘〕忮心〔嫉恨、猜忌之心。忮zhì〕，尔辈少年，尤不宜妄生意气，于二公但不通闻问〔不通闻问，不通往来〕而已，此外着不得丝毫意见。切记！切记！

尔禀气〔生性，与生俱来的天性〕太清。清则易柔，惟志趣高坚，则可变柔为刚；清则易刻〔尖刻，不宽厚〕，惟襟怀〔胸怀〕闲远，则可化刻为厚〔宽厚，不刻薄〕。余字〔为人起字〕汝曰劼〔jié。谨慎〕刚，恐其稍涉柔弱也。教汝读书须具大量，看陆诗以导闲适之抱，恐其稍涉刻薄也。尔天性淡于荣利，再从此二事用功，则终身受用

诚然不能毫无芥蒂。然而人到老年更加畏惧天命，力求克除偏狭和嫉妒之心，你们正当少年，尤其不应该妄生意气，对于左、沈二公只是不通消息罢了，不可有丝毫的成见。切记！切记！

你的禀性气质太清高。清高就容易柔弱，只有志趣高远坚定了才能变柔弱为刚强；清高就容易刻薄，只有襟怀坦荡远大才能化尖刻为仁厚。我给你取字为劼刚，就是怕你稍显柔弱了。教导你读书须具有宏大气量，看陆游的诗以启发悠游远大的胸怀，也是怕你太过刻薄。你天性淡于名利，再从这两个方面用功，就终

身受用不尽了。

　　纪鸿完全复元后，在端午后送他回湖南。

不尽矣。

　　鸿儿全数复元，端午后当遣之回湘。

同治六年三月二十八日

评析　　左宗棠与曾国藩的恩怨，是研究湘军历史的一条重要线索。对于左帅的锋芒毕露、咄咄逼人，曾氏尽管一味忍让，但终究不是圣人，在信中他也向儿子坦诚对左"以怨报德"不是不存芥蒂，但曾却告诫儿子，左宗棠与自己仅是政见之争，不能随便怀疑别人的人格而妄生意气。结合这件事情，他进而教育儿子曾纪泽，要克服自己性格中"禀气太清"的毛病，要通过博观约取地读书来化解身上的尖刻之气，最终达到"襟怀闲远"的境界。

欧阳夫人左右：

　　自余回金陵后，诸事顺遂。惟天气亢旱，虽四月廿四、五月初三日两次甘雨（指久旱之后所下的雨），稻田尚不能栽插，深以为虑！科一（曾纪鸿的乳名）出痘，非常危险。幸祖宗神灵庇佑（庇护，保佑），现已全愈发体（发胖），变一结实模样。十五日满两个月后，即当遣之回家。计六月中旬可以抵湘。如体气（身体、精神状况）日旺，七月中旬赴省乡试可也。

　　余精力日衰，总难多见人客。算命者常言十一月交癸运，即不吉利，余亦不愿久居此官，不欲再接家眷东来。夫人率儿妇辈在家，须事事立个一定章程（规矩）。居

欧阳夫人：

　　自从我回金陵后，各种事情顺利。只是天气极其干旱，虽然四月二十四、五月初三两次降下甘雨，稻田还是不能插秧，我深为忧虑！曾纪鸿出痘，非常危险。幸好祖宗神灵庇佑，现已痊愈，身体发胖，变成了一副更加结实的模样。十五日满两个月后，就让他回家。预计六月中旬，可以抵达湘乡。如身体状况日渐好起来，七月中旬可以赴省城参加乡试了。

　　我精力一天比一天衰退，总难多见人见客。算命的人常说十一月交癸运，就是不吉利，我也不愿长久做这个官，不想再接家眷到东边来。夫人率领儿媳等人在家，必须事事立定一个规矩。

做官不过是偶然的事情，在家才是长久之计。能从勤俭耕读上做出好的场面，即便一旦罢官，还不失为家业兴旺景象。如果贪图衙门热闹，不建立家乡的基业，那么罢官之后，便觉景象凄凉。凡有盛必有衰，不能不预先做好打算。望夫人教训儿孙妇女，常常要有家里没人做官的想法，时时有谦恭待人、节省俭朴之意识，自然会福泽悠久，我心就十分欣慰了。

我身体安好如常，只是眼睛越发模糊了，说话多就会舌头迟钝。左牙疼得厉害，但不怎么活动，不至于马上脱落，可以告慰。顺问近好。

官不过偶然之事，居家乃是长久之计。能从勤俭耕读上做出好规模，虽一旦罢官，尚不失为兴旺气象。若贪图衙门之热闹，不立家乡之基业，则罢官之后，便觉气象萧索凄凉，萧条。凡有盛必有衰，不可不预为之计。望夫人教训儿孙妇女，常常作家中无官之想，时时有谦恭省俭之意，则福泽悠久，余心大慰矣。

余身体安好如常，惟眼蒙日甚，说话多则舌头蹇涩迟钝。蹇jiǎn。左牙疼甚，而不甚动摇，不至遽脱，堪以告慰。顺问近好。

同治六年五月初五日，午刻

**评
析**

凡有盛必有衰，为官之道，最重要是知道进退。曾氏深谙中国哲学中"慧极必伤，强极则辱"的道理，因此时常告诫家人"常作家中无官之想""居官不过偶然之事，居家乃是长久之计"，只有通过"谦恭省俭"，把家里基业经营好了才是长久之计。

子
孫
雖
愚

經
書
不
可
不
讀

子孙虽愚

经书不可

不读

余即日^{近日内}前赴天津，查办殴毙洋人、焚毁教堂一案^{同治九年五月二十三日}（1870 年 6 月 21 日），法国驻天津领事丰大业当众行凶，打死天津县令刘杰的随从。天津市民激于义愤，打死丰大业及其秘书。随后焚毁法国教堂、育婴堂、领事署及英国、美国教堂，打死外国教士、商人共二十人。史称"天津教案"。

外国^{外国人}性情凶悍，津民习气浮嚣^{浮躁，轻狂}，俱难和叶^{即和协。和睦相处。}。将来构怨^{结怨，结仇}兴兵，恐致激成大变。余此行反覆筹思，殊^{特别，很}无良策。余自咸丰三年募勇以来，即自誓效命疆场^{战场}。今老年病躯，危难之际，断不肯吝于一死，以自负其初心。恐邂逅及难^{遇祸}，而尔等诸事无所禀承，兹略示一二，以备不虞^{意外的变故。此处指死亡。虞 yú，预料}。

余若长逝^{死的委婉说法}，灵柩^{死者已经入殓的棺材。柩 jiù}

我近几天赶赴天津，查办斗殴打死洋人、焚毁教堂一案。外国人性情凶悍，天津百姓一向浮躁好斗，都难和睦相处。将来结下仇怨兴起兵事，恐怕会导致矛盾激化。我反复筹谋思虑这次去该怎么做，都没有什么很好的办法。我自咸丰三年招募乡勇以来，就自己发誓效命疆场。如今年老有病，危难之际，绝不会贪生怕死，以自负当初的决心。我担心一旦发生意外你们有很多事没法再跟我商量，所以现在简单指示一两方面，以备不测。

我如果死了，灵柩自然由运

河运回江南归根湖南为好。中间虽有临清至张秋一段需改走陆路，但较之全程陆路还是略容易些。

去年由海船送来的书籍、木器等过于繁重，千万不要全都带回去了，需细心分拣哪些要哪些不要。可以送人的就分了送人，可烧毁的就烧毁，那些一定不能丢弃的才带回去，不要因为贪图哪些琐碎的东西而增加路费。那些在保定自己做的木器全部分送他人，沿途谢绝一切送迎，概不收礼，只是水路陆路需略微请求兵勇护送一下罢了。

我历年来的奏折，命令夏吏选择重要的抄录，如今已抄了一半多，自然必须全部摘抄。抄完后在家中保存好，留给子孙观看，

自以由运河搬回江南归湘为便。中间虽有临清至张秋一节须改陆路，较之全行陆路者差。较易。

去年由海船送来之书籍、木器等过于繁重，断不可全行带回，须细心分别去留。可送者分送，可毁者焚毁，其必不可弃者乃行带归，毋贪琐物而花途费。其在保定自制之木器全行分送，沿途谢绝一切，概不收礼，但水陆略求兵勇护送而已。

余历年奏折，令夏吏择要钞录，今已钞一半多，自须全行择钞。钞毕后存之家中，留

于子孙观览，不可发刻送人，以其间可存者绝少也。

余所作古文（散文），黎莼斋（黎庶昌。字莼斋。清朝散文家、外交家）钞录颇多，顷渠已照钞一分寄余处存稿。此外黎所未钞之文寥寥无几，尤不可发刻送人。不特篇帙太少，且少壮不克努力，志亢（高）而才不足以副（相符，相称）之，刻出适（恰好，正是）以彰（显露，表现）其陋耳。如有知旧（知交，老朋友）劝刻余集者，婉言谢之可也。切嘱切嘱！

余生平略涉儒先（道德纯粹的前代儒家学者）之书，见圣贤教人修身，千言万语，而要以不忮不求为重。忮者，嫉贤害能，妒功争宠。所谓"怠者不能修，忌者畏人修"

不可刻印送人，因为其中值得保存的内容很少。

我所作的古文，黎莼斋抄录的很多，不久前他已照抄了一份将存稿寄放在我这里。除此之外黎没有抄的文章，寥寥无几，尤其不可刻印送人。不只是因为篇章太少，而是少壮不努力，志向远大但才华不能相称，如果刊刻出来了正好彰显低劣罢了。如有知己老朋友劝你们刊刻我的文集，要婉言谢绝。嘱咐你们切记！

我平生略微涉猎了一些儒家先贤的书籍，见圣贤教人修身，千言万语，而总的说来以"不忮""不求"为重。忮者，就是嫉恨优秀人才，压制有才能的人，竭力争夺恩宠。就像古人所说的"懒惰的人不追求修习进步，而嫉妒别人的人害怕别人修习进步"

这一类人。求，就是贪利贪名，唯利是图，就像孔子所说的"没得到时担心得不到，得到了又害怕失去"这一类人。嫉妒不常见，主要会呈现在声名业绩相等、权势地位相近的人身上；求不常见，主要会在金钱财物交接、做官相互妨害的时候。要想造福，就要先去掉嫉妒之心，就像孟子所说"如果人人心里都能充满不想害人的念头，那么仁爱之心就用之不尽了"。所以想要树立高尚人品，先要去掉贪求心，就像孟子所说"如果人人心里都能充满不穿墙打洞偷盗的念头，那道义就用之不尽了"。嫉妒不去，满怀都是荆棘；贪求不去，满腔日趋卑污。我在这两方面常加克制，遗憾尚未能扫除干净。你们如想做到心

之类也。求者，贪利贪名，怀土怀惠语出《论语·里仁》："君子怀德，小人怀土；君子怀刑，小人怀惠"。大意是：君子所思的是如何进德修业，小人则求田问舍而已；君子安分守法，小人则唯利是图，所谓"未得患得，既得患失"语出《论语·阳货》之类也。忮不常见，每发露显示，流露于名业相侔平等，平齐。侔móu，相等，齐，势位相埒相等，等同。埒liè，等同之人。求不常见，每发露于货财相接、仕进相妨之际。将欲造福，先去忮心，所谓"人能充无欲害人之心，而仁不可胜用也"语出《孟子·尽心上》。将欲立品，先去求心，所谓"人能充无穿窬之心，而义不可胜用也"语出《孟子·尽心下》。窬yú，通"逾"，越过。忮不去，满怀皆是荆棘；求不去，满腔日即卑污。余于此二者常加克治，恨尚未能扫除净尽。尔

等欲心地干净，宜于此二者痛下工夫，并愿子孙世世戒之。附作怯求诗二首录后。

历览有国有家之兴，皆由克^能勤克俭所致。其衰也，则反是。余生平亦颇以"勤"字自励，而实不能勤。故读书无手钞之册，居官无可存之牍。生平亦好以"俭"字教人，而自问实不能俭。今署中内外服役之人，厨房日用之数，亦云奢矣。其故由于前在军营，规模宏阔，相沿未改，近因多病，医药之资漫无限制。由俭入奢，易于下水；由奢反^{同"返"，返回}俭，难于登天。在两江交卸^{卸去职务交付与后任}时，

地干净，也应该在这两方面痛下功夫，并且希望子孙世世代代警戒之。我还附作了怯求诗二首抄在后面。

纵观历史上国家和家庭的兴旺，都是由勤俭所致。其衰败，是因为违背了这一原则。我生平也很想以"勤"字自我勉励，但实际上不能做到勤。所以读书没有手抄的册子，当官也没有可保存的公文。我生平也喜欢以"俭"字教育人，可是扪心自问其实自己都没能做到俭。现今官署内外服役的人、厨房日用的数量也有点奢侈了。其原因是之前在军营中规模宏阔，就相沿袭下来没有改变，最近因为多病，请医买药花费，更加漫无限制。由节俭进入奢侈，比下水容易；由奢侈返回节俭，比登天还难。我在交卸两江总督

职务时，还存养廉银二万两。以我当初的想法，未料到有这么多结余。然而像这样放手去花，转眼就会花完了。你们以后居家过日子，要学陆梭山的办法：每月用多少银子，限制一个规定的数目，单独包起来称好。本月用完，只准盈余，不准亏欠。衙门奢侈之习不能不彻底痛改。我开始带兵的时候，立志不贪墨军营的钱以损公私肥，如今还算没违背当初的心愿。然而也不愿子孙过于贫困，阿谀求人，这只有通过你们注重养成节俭美德，善于保持祖先留给后代的家业罢了。

"孝敬父母、友爱兄弟"是家庭的好兆头，凡是世人所说的因果报应，其他事情可能不会都应验，唯独"孝敬父母、友爱兄

尚存养廉二万金。在余初意，不料有此。然似此放手用去，转瞬即已立尽。尔辈以后居家，须学陆梭山 [陆九韶。字子美，号梭山居士。宋朝学者] 之法：每月用银若干两，限一成数，另封秤出。本月用毕，只准赢余，不准亏欠。衙门奢侈之习，不能不彻底痛改。余初带兵之时，立志不取军营之钱以自肥其私，今其差幸 [还算比较幸运地。差，略微] 不负始愿。然亦不愿子孙过于贫困，低颜 [犹低头。阿谀奉承貌] 求人，惟在尔辈力崇俭德，善持其后而已。

孝友 [孝敬父母，友爱兄弟] 为家庭之祥瑞，凡所称因果报应 [佛教认为，凡事有因必有果。善有善报，恶有恶报]，他事或不尽验，独孝友则立获

吉庆，反是则立获殃祸，无不验者。吾早岁久宦京师，于孝养之道多疏。后来展转兵间，多获诸弟之助，而吾毫无裨益^{益处，利益。}于诸弟。余兄弟姊妹各家，均有田宅之安，大抵皆九弟扶助之力。我身殁之后，尔等事两叔如父，事叔母如母，视堂兄弟如手足^{比喻兄弟。}凡事皆从省啬^{亦作"省穑"，爱惜。引申为节俭、节约}，独待诸叔之家，则处处从厚。待堂兄弟以德业相劝、过失相规，期于彼此有成，为第一要义。其次，则亲之欲其贵，爱之欲其富，常常以吉祥善事代诸昆季^{兄弟。长为昆，幼为季}默为祷祝，自当神人

弟"则会立刻获得吉祥幸福，反之则立刻遭受殃祸，没有不应验的。我早年在京师长期做官，在孝敬赡养父母的义务上很多没做到，后来又忙于带兵打仗，得到诸位弟弟很多帮助，而我对于各位弟弟却毫无助益。我兄弟姊妹各家都置下了田宅安居，大部分是因为九弟的扶助出力。我死后，你们侍奉两位叔叔如同父亲，侍奉叔母如同母亲，看待堂兄弟如亲兄弟。凡事都按节省简朴的原则办，只有对待诸位叔叔家，处处要按优厚宽裕的原则。对待堂兄弟要在道德学业上相互勉励、过失相互纠正，期望彼此有成就，把这个当作首要原则。其次，亲近他们就是希望他们地位尊贵，疼爱他们就是希望他们家产富足，要常常用吉祥善事为诸位兄弟默默祈祷，自然众人钦佩、鬼神保

佑了。温甫、季洪两弟之死，我内心反省觉得非常惭愧自责。澄侯、沅甫两弟渐渐老了，我此生不知道能否再见到他们。你们若能从"孝敬友爱"两条切实讲求，也足为我弥补缺憾了。

共钦_{敬，敬重}。温甫、季洪两弟之死，余内省觉有惭德_{惭愧}。澄侯、沅甫两弟渐老，余此生不审_{知道}能否相见。尔辈若能从"孝友"二字切实讲求，亦足为我弥缝_{弥补、缝合}缺憾耳。

附忮求诗二首_{此二诗作于同治九年三月间。曾国藩在《日记》中说："因衰病日深，欲将生平阅历尽为韵文，以示儿侄辈，即以当遗嘱也。""略用白香山体势，取其易晓。"}

不 忮

善莫大于恕，德莫凶于妒。妒者妾妇行_{娘们儿的行径}，琐琐_{微小卑贱的样子}奚_{哪里}比数。已拙忌人能，已塞_{不顺遂}忌人遇_{好运气}。已若无事功，忌人得成务_{成功，成事}；已若无党援，忌人得多助。势位苟相敌_{相当}，畏逼又相恶_{wù。憎恶}。己无好闻望_{名望}，忌人文名著；己无贤子孙，忌人后嗣裕。争名日夜奔，争利东西骛_{wù。追求}。但期一身荣，不惜他人污。闻灾或欣幸，闻祸或悦豫_{高兴}。问渠何以然，不自知其故。尔室神来格_{来，至}，高明鬼所顾。天道常好还_{天道可主持公道，善恶终有报应。语出《老子》："以道佐人主者，不以兵强天下，其事好还。"天道，天理；好，常常会；还，回报别人}，嫉人还自误。幽_{隐藏，潜藏}明丛诟忌，乖气_{邪恶之气，不祥之气}相回互。重者灾汝躬，轻亦减汝祚_{zuò。福分，福运}。我今告后生，悚然_{受惊的样子}大觉寤。终身让人道，曾_{乃。表语气转折}不失寸步。终身祝人善，曾不损尺布。消除嫉妒心，普天零_{降下}甘露。家家获吉祥，我亦无恐怖。

不 求

知足天地宽，贪得宇宙隘。岂无过人姿，多欲为患害。在约_{穷困}每思丰，居困常求泰。富求千乘车_{古时以一车四马为一乘。诸侯可拥有千乘车}，贵求万钉带_{古代皇帝赏赐功臣的玉带}。未得求速偿，既得求勿坏。芬馨比椒兰，磐固方_比泰岱。求荣不知餍_{yàn。满足}，志亢神愈忕_{tài。过分，自大}。岁燠_{yù。暖，热}有时寒，日明有时晦_{huì。阴暗}。时来多善缘，运去生灾怪。诸福不可期，百殃纷来会。片言动招尤_{招致他人的罪或怨恨}，举足便有碍。戚戚_{忧惧的样子}抱殷忧_{深切的忧虑}，精爽_{精神}日凋瘵_{凋敝，生病。瘵 zhài，病}。矫首_{抬头。矫 jiǎo}望八荒_{八方荒远之处}，乾坤一何大_{tái}！安荣无遽欣，患难无遽懟_{duì。怨恨}。君看十人中，八九无倚赖。人穷多过我，我穷犹可耐。而况处夷涂_{平坦的道路}，奚事生嗟忾_{kài。愤怒}？于世少所求，俯仰有余快。俟命_{乐于知命，无所营求}堪终古，曾不愿乎外。

同治九年六月初四日，将赴天津示二子

天津教案的处理，一直被很多史学家视为是曾氏晚节不保的败笔。处于风烛残年的曾国藩，在赴津之前就已经预感到了这样的结局，因此写遗书交代后事，表明自己"不肯吝于一死"的决心。人之将死，其言也善。信中，曾氏谆谆告诫家人，"不嫉妒、不贪求"是圣人教人的修身根本。他死后，子孙一定要牢牢谨记"勤""俭"的祖训，孝敬长辈，团结兄弟，以弥补自己未尽的心愿。

日课四条

一曰慎独_{儒家的一种修养，指人独处时谨慎不苟。语出《礼记·大学》："此谓诚于中，形于外，故君子必慎其独也。"}则心安。

自修之道莫难于养心，心既知有善知有恶，而不能实用其力_{具体地凭借自身的力量}以为善去恶，则谓之自欺。方寸_{内心，心神}之自欺与否，盖他人所不及知，而己独知之。故《大学》之"诚意"章，两言慎独。果能好善"如好好色"，恶恶"如恶恶臭"，力去人欲以存天理，则《大学》之所谓"自慊_{qiè。满足，满意}"，《中庸》之所谓"戒慎恐惧"，皆能切实行之。即曾子之所谓"自反而缩"，孟子所谓"仰不愧，俯不怍_{zuò}"。

日课四条：

一曰慎独则心安。

自我修养，没有比养心更难的。心里既然知道有善有恶，却不能实实在在地凭自身的力量为善去恶，这就是自己欺骗自己。心里是否自欺，别人是不知道的，只有自己知道。所以《大学》中"诚意"篇，两次说到谨慎独处。如果真能做到喜欢善行"如同喜好美好的色彩"，讨厌恶行"如同厌恶污秽的臭味"一样，尽力去掉私欲而存天理，那么《大学》中所说的"自己感到满足"、《中庸》中所说的"人看不到的地方常警惕谨慎，人听不到的地方也常唯恐有失"，就都能够切实地做了。这也就是曾子所说的"自我检点而行为合理"，孟子所说的"俯仰无愧于天地"，"修养内心最好是减少私欲"，都不外乎是这个道理。所以，能做到慎独，则自我反省时不内疚，可以面对天地，与鬼神对质，绝不会有"对自己的行为不满意而心不安"的时候。人没有一件感到愧疚的事，心里就会安然，这样的心情常常是快乐满足、宽慰平和的，这是人生自强的首要之道，寻乐的最好方法，是保持节操的最重要的事情。

二曰主敬则身强。

"敬"这个字，是儒家用来教育人的，春秋时的士大夫经常说到它。到了程颢、程颐和朱熹，则千言万语离不开这个主题。内心专一纯静，外表则整齐严肃，这就是敬的素养；出门见人如同见重要的客人一样尊重，役使老百姓像是负责隆重的祭祀活动一

惭愧"，所谓"养心莫善于寡欲"，皆不外乎是<u>这些</u>。故能慎独，则内省不疚，可以对天地，质鬼神，断无"行有不慊于心，则<u>馁</u>_{语出《孟子·公孙丑上》。慊 qiàn，不满足，遗憾；馁 něi，失去勇气}"之时。人无一内愧之事，则<u>天君</u>_{古人认为耳目五官听命于心，故称心为天君}泰然，此心常快足宽平，是人生第一自强之道，第一寻乐之方，守身之先务也。

二曰主敬则身强。

敬之一字，<u>孔门</u>_{孔子的门下。借指儒家}持以教人，春秋士大夫亦常言之，至<u>程朱</u>_{宋代理学家程颢兄弟和朱熹的合称}，则千言万语不离此旨。内而专静纯一，外而整齐严肃，敬之工夫也；出门如见<u>大宾</u>_{重要的客人}，使民如承大祭，

敬之气象也；修己以安百姓，笃恭而天下平，敬之效验也。程子程颐谓："上下一同一于恭敬，则天地自位自安本位，万物自育，气无不和，四灵汉族传说中的麟、凤、龟、龙四大神兽。人们认为四大神兽有祛邪、避灾、祈福的作用。这里指各种吉祥的事情毕至，聪明睿智，皆由此出，以此事天飨帝祭祀天帝。事，服侍；飨xiǎng，祭祀。"盖谓敬则无美不备也。吾谓敬字切近之效，尤在能固人肌肤之会，筋骸之束。庄敬庄严恭敬日强，安肆安乐放纵日偷浇薄，不厚道，皆自然之征应证验，应验。虽有衰年病躯，一遇坛庙祭献之时，战阵危急之际，亦不觉神为之悚，气为之振。斯足知敬能使人身强矣。若人无众寡，事无

样谨慎，这就是敬的态势；修养自己而使天下百姓安乐，诚厚恭敬而使天下太平，这就是敬的效果。程子说："如果从上到下都恭敬认真，那么，天地按自己的规律运行，万物自行化育，气运无不和顺，各种祥瑞都会出现，人的聪明睿智也都由此而产生，并用这样的态度来侍奉和祭祀天帝。"他认为只要认真做人，一切美好的境界都能达到。我认为敬最实际的功用，尤其在于能固肌肤、强筋骨。人若庄严恭敬，身体就越来越强，人若安乐放纵，身体就越来越差，这都是自然而然的事情。即使已是年迈多病，但一遇到庙会祭祀等重大活动，或者是在战场上碰到危急时刻，神情也不自觉地庄重起来，精神为之振作，仅这点就足以证明敬能够使人身体强健。如果无论人

多人少，不论事大事小，都能认真恭敬地对待，不敢懈怠轻慢，那么，身体必然强健，这有什么值得怀疑的呢？

三曰求仁则人悦。

大凡人的出生，都是得到天地之间的原理而成就了自己的天性，获得天地之间的元素而成就了自己的形体。我和众生万物，从根本上说是同出一源。如果只知道利己而不懂得善待别人爱护万物，这就和同出一源这个道理相违背，就犯了错误。至于高官厚禄、高居人上，就应有拯救民众于灾难、饥饿之中的责任。读书学习，粗略知道了其中的大义，就应有启蒙后知后觉之人的责任。如果只知道自我完善，而不知道教养众人，这就大大地辜负了上天厚待我的本心。儒家的教育思想，最重要的就是教育人们要追求仁爱，其中最要紧的，莫过于"自

大小，一一恭敬，不敢懈慢，则身体之强健，又何疑乎？

三曰求仁则人悦。

凡人之生，皆得天地之理以成性，得天地之气以成形。我与民物_{芸芸众生}，其大本乃同出一源。若但知私己而不知仁民爱物，是于大本一源之道已悖而失之矣。至于尊官厚禄，高居人上，则有拯民溺救民饥之责；读书学古_{研究古代典籍}，粗知大义，即有觉_{启发，使人觉悟}后知、觉后觉之责。若但知自了_{自己明白}，而不知教养庶汇_{万类，指百姓}，是于天之所以厚我者，辜负甚大矣。孔门教人，莫大于求仁，而其最切者，莫

要于"欲立立人，欲达达人"语出《论语·雍也》数语。立者已经成就事业的人，自立不惧，如富人百物有余，不假外求；达者，四达谓四通八达，左右逢源不悖bèi，混乱，相冲突，如贵人登高一呼，群山四应。人孰不欲己立己达，若能推以立人达人，则与物同春矣。后世论求仁者，莫精于张子张载。字子厚。北宋思想家、理学家之《西铭》，彼其视民胞物与民为同胞，物为同类。泛指爱人和一切物类，宏济群伦天下苍生，皆事天者性分当然之事，必如此，乃可谓之人，不如此，则曰悖德，曰贼。诚如其说，则虽尽立天下之人，尽达天下之人，而曾无善劳之足言，人有不悦而归之者乎？

己要想成功，先要帮助别人成功；自己渴求宽容豁达，先要对别人宽容豁达"这几句话。已经成就事业的人，对独立自主是不用担心的，如同富人本就很富裕，并不需求别人施与；已显达的人，风行天下而没有阻碍，好比是有权威的人，登高一呼，人们群起响应。人哪有不想成就事业让自己显达的呢？如果能够推己及人，让别人也事业有成，也尊贵显达，则万物就共同沐浴在春天里了。后世谈论追求仁爱的，没有比张载的《西铭》更精辟的，他认为百姓是同胞，万物是同类，广济天下苍生，都是敬事上天的人分内应做的事。只有这样做，才能称为人，否则就违背了做人的道德，只能算强盗。如果真如张载所说的那样，虽使天下的人都能成就事业，都能够显达，却一点也不标榜善德劳苦，天下还有谁能不心悦诚服地归附呢？

四曰习劳则神钦。

人之性情没有不好逸恶劳的，不论地位贵贱、智力高低、年龄大小，都贪图安逸，害怕劳苦，这一点古今是相同的。一个人每天所穿的衣服、所吃的饭，与他每天所做的事、所出的力相称，那么别人就会认可他，鬼神就会赞许他，认为他是自食其力了。倘若农民织妇，一年到头勤勉辛劳，只为获得几石粮、几尺布，而富贵人家，整年安逸享乐，不做一事，吃必是山珍海味，穿必是绫罗绸缎，终日只知道大吃大喝睡大觉，一呼百应。这是天下最不公平的事，鬼神都不会答应，这能够长久吗？古代的圣明君主，贤德宰相，比如商汤天不亮就起

四曰习劳则神钦。

凡人之情莫不好逸而恶劳。无论贵贱智愚老少，皆贪于逸而惮于劳，古今之所同也。人一日所着之衣，所进之食，与一日所行之事，所用之力相称，则旁人韪_{wěi。认可，赞赏}之，鬼神许_{赞许，称许}之，以为彼自食其力也。若农夫织妇终岁勤动，以成数石_{古代容量单位，十斗为石}之粟_{sù。谷子。去皮后称小米}，数尺之布，而富贵之家，终岁逸乐，不管一业，而食必珍羞_{美食，珍贵的食物}，衣必锦绣，酣豢_{hān huàn。大吃大喝}高眠，一呼百诺，此天下最不平之事，鬼神所不许也，其能久乎？古之圣君贤相，若汤_{商汤。名履。商朝开国君主}之昧旦丕显

天不亮就起床，思考如何光大自己的德业。昧旦，天色未亮；丕显，显扬，光大；丕pī，大

，文王 周文王。姬姓，名昌。周朝奠基者 **日昃** 太阳偏西，约下午二时左右。昃zè **不遑** 闲暇，休息，**周公** 姬姓，名旦。西周政治家、军事家、思想家 夜以继日，坐以待旦 天亮，盖无时不以勤劳自励。《无逸》出自《尚书》一篇，推之于"勤则寿考，逸则夭亡"，历历不爽 差失，差错。为一身计，则必操习技艺，磨练筋骨，困知勉行，操心危虑，而后可以增智慧而长才识；为天下计，则必己饥己溺 别人挨饿、落水就像自己挨饿、落水一样。语出《孟子·离娄下》："禹思天下有溺者，由己溺之也；稷思天下有饥者，由己饥之也；是以如是其急也。"，一夫不获，引为余辜 gū。罪。**大禹** 禹帝。夏朝开国国君 之周乘 周游巡视 **四载** 四种交通工具，过门不入，**墨子** 名翟。墨家学派创始人。战国时期思想家、教育家、军事家 之摩顶放踵 从头到脚都受到劳损，以利天下，皆极俭以

床，思考如何光大自己的德业，周文王工作到太阳偏西都无暇休息，周公夜以继日思考治国良策，有了好办法就坐等天明后去实施，都无时无刻不以勤劳的精神鞭策自己。《无逸》这一篇，推测说"人若勤劳，便会长寿，人若贪图安逸，便会夭亡"，往事历历在目，应验了这一规律，没有偏差。为自己着想，就应该习练技艺，磨炼筋骨，获取知识，努力践行，深谋远虑，而后才能增智慧、长才识；为天下着想，就必须视民众的祸患饥寒为自己的祸患饥寒，只要有一个人没有过上好日子，就应当视作是自己的罪过。大禹乘坐四种交通工具走遍天下，路过家门而不入，墨子从头到脚都磨伤，来为天下人谋福利，都是自己非常俭朴，拯救百姓却不辞辛

苦。荀子经常称赞大禹、墨子的行为，就是因为他们勤劳的缘故。战事发生以来，往往见到有一技之长、能忍受艰难困苦的人，都能被人重用，得到当时人的称赞。而那些没有才能，也无一技之长，又不习惯勤劳的人，都被时人所唾弃，最后冻饿而死。因此，勤劳的人便会长寿，安逸的人就会短命。勤劳，便有才能，有用武之地；安逸，则无能力，就会被人抛弃。勤劳，便能普济众生，连神鬼都会钦佩仰慕；安逸，则对别人没有任何帮助，神鬼都不会保佑他。所以，君子若要获得人和神的支持，最重要的就是要吃苦耐劳。

我年老多病，眼病越来越厉害，这种状况已很难改变。你和诸位侄子，身体强壮的不多。古代的君子自我修养，治理家业，

奉身，而极勤以救民，故荀子_{名况，字卿。战国时期思想家、文学家、政治家}好称大禹、墨翟之行，以其勤劳也。军兴_{有军事行动}以来，每见人有一材一技，能耐艰苦者，无不见_被用于人，见称于时。其绝无材技，不惯作劳者，皆唾弃于时，饥冻就毙。故勤则寿，逸则夭。勤则有材而见用，逸则无能而见弃。勤则博济斯民，而神祇钦仰，逸则无补于人，而神鬼不歆_{xīn。享用祭品。神鬼不享，意谓神灵不肯保佑。}。是以君子欲为人神所凭依，莫大于习劳也。

余衰年多病，目疾日深，万难挽回。汝及诸侄辈，身体强壮者少。古之君子修己_{修身}治

家，必能心身强，而后有振兴
之象，必使人悦神钦，而后有
骈集成双成对。之祥。今书此四条，
骈pián
老年用自儆惕戒惧。儆jǐng，使人警醒，，
不犯错误；惕，小心谨慎
以补昔岁之愆qiān。过失，罪过。并令
二子各自勖勉勉励。勖xù，每夜以
此四条相课，每月终以此四条
相稽jī。考核，检点。仍寄诸侄共守，
以期有成焉。

同治九年十一月初四日于金陵节署中

总是能心态安然身体强健，然后
家业才有振兴的气象，总是要使
得人人悦服鬼神钦佩，然后才会
有各种运气到来。现在写出这四
条，老年时用来自我警醒，以弥
补以往的过失。并且让两个儿子
各自鞭策，每天晚上拿出这四条
学习，每个月底则用这四条来检
点。同时把它寄给诸位侄子，期
望他们能有成就。

曾氏根据自古儒家圣贤所倡导的修身齐家之道，结合自身经历和家族特点，制定了以"慎独""主敬""求仁""习劳"为主要内容的四条"日课"，要求两个儿子每天按照这四条去修身正己，每个月还要自我检点。《周易》上说："天行健，君子以自强不息；地势坤，君子以厚德载物。"曾氏一生孜孜以求的，正是儒家这种三省吾身、自强不息的道德精神。即使外部环境再恶劣、自身条件再顽愚，只要清净持守一颗道德本心，就能够独善其身，进而修身、齐家、治国、平天下。

历代名家点评

岂惟近代，盖有史以来不一二睹之大人也已；岂惟我国，抑全世界不一二睹之大人也已。然而文正固非有超群绝伦之天才，在并时诸贤杰中，称最钝拙；其所遭值事会，亦终身在拂逆之中；然乃立德、立功、立言，三并不朽，所成就震古烁今而莫与京者，其一生得力在立志自拔于流俗，而困而知，而勉而行，历百千艰阻而不挫屈，不求近效，铢积寸累，受之以虚，将之以勤，植之以刚，贞之以恒，帅之以诚，勇猛精进，坚苦卓绝。

——梁启超《曾文正公嘉言钞》

愚意所谓本源者，倡学而已矣。惟学如基础，今人无学，故基础不厚，时惧倾圮。愚于近人，独服曾文正，观其收拾洪杨一役，完满无缺。使以今人易其位，其能如彼之完满乎？

——毛泽东致黎锦熙信，载《毛泽东早期文稿》

"其著作为任何政治家所必读。""足为吾人之师资。"

——蒋介石《曾胡治兵语录 蒋中正序》

父亲认为曾文正公对于子弟的训诫可作模范，要我们体会并且依照家训去实行。平常我写信去请安，父亲因为事忙有时来不及详细答复，就指定《曾文正公家训》的第几篇代替回信，要我细细去参阅。

　　　　　　　　　　　　　　　　　　　——蒋经国《我所受的庭训》

　　这位"曾文正公"，其人不可取，但也不要因人废言。他的家书，也并非都是腐儒之见，其中有些见解，我看还是可以借鉴的。

　　　　　　　　　　　　　　　　　　　——刘伯承《人民日报》

　　曾国藩的成功阻止了中国的后退，他在这一方面抵抗了帝国主义的文化侵略，这是他的一个大贡献。

　　　　　　　　　　　　　　　　　　　——冯友兰《中国哲学史新编》

　　曾国藩的政治家风度、品格及个人修养很少有人能与匹敌。他或许是十九世纪中国最受人敬仰、最伟大的学者型官员。

　　　　　　　　　　　　　　　　　　　——徐中约《中国近代史》

　　"以己之所向，转移习俗而陶铸一世之人才，此即其毕生学术所在，亦即毕生事业所在也。此意唯晚明遗老如亭林诸人知之。""算得上是一个标准的教育家。"

　　　　　　　　　　　　　　　　　　　——钱穆《中国近三百年学术史》

后记

在从事传统家训文化研究工作中，我一直对先人们留下的这笔丰厚的文化遗产心怀敬意和感动。所以，尽管其他科研任务很重，但近30年来我始终没有中断传统家训的研究工作。近年来，党和政府大力倡导传承弘扬优秀传统文化，我越发觉得使传统家训文献研究走出书斋，为普通民众所了解、借鉴是更为重要和迫切的任务。2014年11月初，我领衔申请的国家社科基金重大项目"中国传统家训文献资料整理与优秀家风研究"获得立项，不久就接到教育科学出版社殷梦昆先生的电话。他在电话中说，这些年自己一直在思考，如何从家庭教育的角度，策划编纂一套有关家训家风的图书。他认真看过我此前的相关著作与文章，赞同我将学术研究与当下社会现实需求相结合的观点。我们一致认为，将中华民族历史上发生重要作用的优秀家训家风挖掘整理以滋养家庭建设、化育当代青少年，是当代学者与出版工作者必须面对的重大课题和责无旁贷的使命。虽然，这之前我与殷梦昆先生素昧平生，但这次隔空沟通，他的敏锐、思考，他的热忱和使命感，深深打动了我。因此，我毫不犹豫地接受了他的邀请，决定主持这套丛书的编纂工作。

在接下来的时间里，我们各展所长，相互配合。我以数十年家训文化研究的积累，对传统家训的历史发展、内容梳理、优劣取舍以及对当代家庭教育、家风建设的启迪助益等进行了全面考虑；殷梦昆先生则从出版的视角，就受众对象、目标诉求、内容结构、呈现方式等充分阐述了自己的观点。我们很快就具体编纂思路达成共识：精选十部在历史上影响深远的家训，定名为"中华十大家训"，按照我们商定的思路整理出版。为保障这个饱含着我们心血和理想的编纂出版项目能在一个较高的学术与文化层面上顺利推进，我们对参与人员进行了认真考察遴选，组建起了一支精干的编纂队伍。同时，正式把这个项目纳入到"中国传统家训文献资料整理与优秀家风研究"重大课题的研究规划中。

中共中央办公厅、国务院办公厅印发的《关于实施中华优秀传统文化传承发展工程的意见》指出，要"挖掘和整理家训、家书文化，用优良的家风家教培育青少年"。传统家训作为我国国学和传统文化的重要组成部分，无论是教育内容还是教化方式都有诸多值得我们深入挖掘、吸纳借鉴的价值。然而，有文献记载的家训在中国已有三千年之久的历史，经过历代的发展，传统家训文献资料卷帙浩繁，形式多种多样，究竟选择哪些篇目为代表却是一个难题。我在反复斟酌的基础上提出选本方案后，又征求了殷梦昆和编纂组同仁们的意见，最终遴选出《颜氏家训》《袁氏世范》《郑氏规范》《庞氏家训》《了凡四训》《药言》《聪训斋语》《治家格言》《庭训格言》《曾文正公家训》十部家训，加以注解、导读和评析，以飨读者。

上述十部家训虽有洋洋数万言的长篇专论，但也有仅仅数百字的短文精品，何以用"大"名之？主要是基于四个方面的考量。

其一，家训的代表性。

我们所选十部家训中，南北朝时期和宋、元两代各一部，明代三部，清代四部。之所以明清时期选本较多，主要是该时期传统家训进入鼎盛时期，系统、全面训诫家人子弟的家训文献大量涌现。据《中国丛书综录》所列书目记载的家训类著作，公开印行的有117种，而明清两代就占了89种。

这十部家训的遴选力求体现各种层次的代表。既有被称为"家训之祖"的《颜氏家训》，也有被称为"《颜氏家训》之亚"的《袁氏世范》；作者中既有康熙这样的帝王，也有颜之推、张英、曾国藩这样的高官贵宦；既有袁采、袁黄这样的学者型普通官吏，也有郑文融、朱用纯这样的普通百姓。

其二，家训的影响度。

家训的影响力也是我们选择的依据之一。比如就传统社会和当今学界而言，流传最广的仕宦家训莫过于《颜氏家训》。该书内容极为广泛，"述立身治家之法，辩正时俗之谬"，涉及当时政治、文化、学术诸多方面，而对立身、治家、求学、处世等论述尤为详尽，是我国封建社会里第一部全面系统完整的家训著作，被历代学者推为"家训之祖"，认为"凡为子弟者，可家置一册，奉为明训，不独颜氏"，对后世影响极大。而在民间百姓中流传最广的当数《治家格言》和《了凡四训》。《治家格言》虽然只有五百余字，但由于它通俗流畅、富含哲理，清代至民国年间一度成为童蒙必读课本之一。故而在民间影响极大，当时大江南北许多人家厅堂之上也都挂有《治家格言》，供家人子弟学习效法。不少警句还被人们制成楹联、匾额，张贴、悬挂。《了凡四训》则被作为禅语善书不断刊刻，在民间和寺庙中广泛散布。

再如，浙江浦江郑氏家族的《郑氏规范》，堪称民间百姓家训第一治家"金书"。该家族以家训族规《郑氏规范》管束族众，以孝义治家，绵延300年不绝，受到宋、元、明三代皇帝旌表，事迹均被列入《宋史》《元史》《明史》孝义传中。该家训甚至影响到明朝典章制度的制订和基层社会的治理。明太祖朱元璋曾亲自接见郑氏八世孙郑濂，问其治家长久之道，郑濂答曰"谨守祖训"，并呈《郑氏规范》给他看。当朱元璋看到郑家的家训后深有感慨地说："人家有法守之，尚能长久，况国乎！"他称赞郑氏家族为"江南第一家"，又亲笔题写了"孝义家"三字赐之。后来，朱元璋还聘请郑氏家族的成员为皇家的家庭教师，专门为太孙讲授"家庭孝义雍睦之道"。经明朝统治者树立的这个典型，对明代家训的空前繁荣起了重要的示范作用。这种影响之深远，在后来的许多家训和史书记载中都能反映出来。譬如，明代官吏许相卿的家训《许云邨贻谋》就记述："作家则及观浦江郑氏家范,尤若广而密,要而不遗,虑远而防豫,吾则所未逮也。"序中嘱咐子孙参考《郑氏规范》修订自己的家训,作为治家处世、轨物范世的基本规范。《明史·孝义传》中也记载有不少慕郑氏家风、以其家训作为治家教子必读书的史实。

其三,家训的风格和形式。

为了使读者更全面地了解传统家训的文体风格,我们遴选的这十部家训,尽量做到兼顾除诗词歌诀外的各种类型。其中既有作者自己精心撰写的,也有子弟记录整理而成的;既有《颜氏家训》这种以说理、教诲为主的长篇训诫,也有《治家格言》这样押韵合辙、朗朗上口的格言警句;既有《郑氏规范》《袁氏世范》等工具书式的治家宝典,也有《药言》这种语言质朴明快、"字字药石",道理是非分明的训家教科书;既有《庭训格言》阐述的治国理政"大道",也有《聪训斋语》这样文字精美、意趣超拔、清新隽永、闲情逸致的"小品";既有《曾文正公家训》这种达到"传统仕宦家训的峰巅"的家书类家训,也有《了凡四训》这样融通儒道佛三家思想,现身说法、循循劝诲的善书佳作。

其四,家训的借鉴价值。

今天我们研读传统家训,目的是以古鉴今,扬弃中华民族这笔传统文化遗产。依我们看来,由于时代的变迁,传统家训的内容虽非是"篇篇药石,言言龟鉴",但其绝大部分内容,仍然值得我们参考借鉴。《聪训斋语》的作者张英,作为官僚地主中清勤敬谨的学者型官员,以自己身体力行的榜样示范和细致入微的训诫,以优良家风陶冶,成功地培养出四个德才兼备的儿子,一门以科第世其家,四世皆为帝王讲官。曾国藩家书中就屡屡提及张英的《聪训斋语》和康熙的《庭训格言》对自己的影响,认为其"句句皆吾肺腑所欲言"。并说《聪训斋语》和《庭训格言》,"不特可以进德,可以居业,并可以惜福,可以养身却病"。再如曾国藩家训中,曾氏并没有板起高官和封建大家长的威严面孔说教，而是在对孩子、家人有关处世、学习和公事处理等极其平常、琐碎的事务安排中，潜移默化地渗透人格性情和价值观念的影响，家书中甚至还多次谈及自己的失误教训，供子弟家人引为鉴戒。这些，对今人也颇有参考启迪价值。正如梁启超评价曾国藩家训时所说的那样，"孟子曰：'人皆可为尧舜。'……吾不敢言。若曾文正之尽人皆可学焉而至，吾所敢言也"。还如《了凡四训》作者袁黄以自己亲身经历，告诫儿子牢记云谷禅师"命由我作，福自己求"的教诲，"务要日日知非，日日改过"，依靠自己的奋斗而不信命运之说，这都给我们不少有益的启示。

当然，我们也清楚地知道，由于受特定历史条件的制约和时代的影响，尤其是一些家训名篇多出自封建官僚士大夫之手，传统家训不可能不打上时代和阶级的烙印，不可避免地存在封建主义纲常礼教及唯心主义的糟粕。这些糟粕主要包括：第一，片面强调卑幼服从尊长，维护尊卑贵贱的等级划分与不可逾越等封建思想。譬如，《庞氏家训》说，父母在家中处"独尊"地位，"事权得以专制，使挈其纲领，内外肃然，敢不从令"。《郑氏规范》规定："卑幼不得抵抗尊长，其有出言不逊，所行悖戾者，姑诲之。诲之不悛者，则重箠之。"《袁氏世范》认为，"父严而子知所畏，则不敢为非"，否则，子"恣其所行矣"。第二，宣传宿命论、报应论、阴骘观等迷信思想。例如，《了凡四训》讲述了很多神人托梦、鬼神惩罚、环环相报等神秘主义的迷信故事，这无疑是不符合科学的无稽之谈。第三，实行棍棒主义教育。许多家训都宣扬体罚教育，如《颜氏家训》强调，"笞怒废于家，则竖子之过立见"。《郑氏规范》甚至规定，"子孙年十二，见灯不许入中门，入者箠之"。这些不合时代的说教和规范，固然是应该摒弃的糟粕，但这毕竟不是传统家训文化的主流，我们也决不能因此而否定传统家训的时代价值和积极意义。

本书的顺利出版，是整个编纂团队共同努力的结果，为本套图书付出心血的各篇编撰者如下（以选本成书年代为序）：《颜氏家训》：林桂榛、周斌、任浩；《袁氏世范》：陈延斌、陈姝瑾；《郑氏规范》：王伟、陈延斌；《庞氏家训》：葛大伟；《药言》：田旭明；《了凡四训》：张琳；《治家格言》：殷梦昆、陈延斌；《庭训格言》：秦敏、仝娜；《聪训斋语》：刘一兵；《曾文正公家训》：葛大伟、戚卫红。

武汉大学国学院院长、国学大家郭齐勇教授一直关心我们的工作，书稿完成后他又欣然撰写序言予以推荐。江苏师范大学古籍整理研究所所长沙先一教授，协助我审读校改了部分篇目的疑难译文。在此，我们一并表示深深的谢意！特别令我感佩的是本书副主编殷梦昆先生，他不仅参与了本书从策划到编纂出版的全部工作，而且还在我统稿的过程中承担了书中约半数注释文字的修改与补充、完善工作。书稿交付出版社后，他又担纲责任编辑，事无巨细，亲力亲为，经过一年多孜孜矻矻的高强度工作，才最终完成了本书的编辑出版任务。本书的出版也见证了我们在为传承中华优秀传统文化努力前行过程中建立起来的珍贵友谊。

在本书付梓之际，还想和广大读者说明的是，虽然在这套书策划和实施过程中，我们始终被心中的热情和使命感所激励；虽然我们自认为是经过多维度的精心考量，从数百部家训文献中选出了最具代表性的十部奉献给大家；虽然我们认真地对待每句译文、每个注释、每段点评……但我们也清醒地知道，我们的工作还有诸多的遗憾和局限，真诚期待大家的批评指正。

陈延斌

2017 年 1 月 28 日于徐州

中华
十大家训

图书在版编目（CIP）数据

中华十大家训：全5册 / 陈延斌主编 . — 北京：
教育科学出版社，2017.2
ISBN 978-7-5191-0935-6

Ⅰ . ①中… Ⅱ . ①陈… Ⅲ . ①家庭道德—中国 Ⅳ .
① B823.1

中国版本图书馆 CIP 数据核字 (2017) 第 018100 号

中华十大家训
ZHONGHUA SHI DA JIAXUN

出版发行　教育科学出版社
出 版 人　李　东
策划编辑　殷梦昆
责任编辑　殷梦昆
责任美编　刘玉丽
责任校对　贾静芳
责任印制　叶小峰
书名题写　易福平
艺术指导　吕敬人
书籍设计　🁢 敬人书籍设计工作室　黄晓飞

社　　址　北京・朝阳区安慧北里安园甲 9 号
邮　　编　100101
传　　真　010-64891796
市场部电话　010-64989009
编辑部电话　010-64989589
网　　址　http://www.esph.com.cn
经　　销　各地新华书店
制　　作　北京金康利印刷有限公司
印　　刷　中煤（北京）印务有限公司
开　　本　185 毫米 ×290 毫米　16 开
印　　张　133.25
字　　数　1101 千
版　　次　2017 年 2 月第 1 版
印　　次　2017 年 2 月第 1 次印刷
定　　价　480.00 元（共五卷）

如有印装质量问题，请到所购图书销售部门联系调换。